U0254047

建筑工程细部节点做法与施工工艺图解丛书

通风空调工程细部节点做法与施工工艺图解

丛书主编：毛志兵

本书主编：张晋勋

中国建筑工业出版社

图书在版编目（CIP）数据

通风空调工程细部节点做法与施工工艺图解/张晋勋主编. —北京：中国建筑工业出版社，2018.7（2022.10重印）
（建筑工程细部节点做法与施工工艺图解丛书/丛书主编：毛志兵）
ISBN 978-7-112-22211-7

Ⅰ.①通… Ⅱ.①张… Ⅲ.①通风设备-建筑安装-节点-细部设计-图解②空气调节设备-建筑安装-节点-细部设计-图解③通风设备-建筑安装-工程施工-图解④空气调节设备-建筑安装-工程施工-图解 Ⅳ.①TU83-64

中国版本图书馆 CIP 数据核字（2018）第 099864 号

　　本书以通俗、易懂、简单、经济、实用为出发点，从节点图、实体照片、工艺说明三个方面解读工程节点做法。本书分为送风系统、排风系统、防排烟系统、除尘系统、舒适性空调系统、恒温恒湿空调系统、净化空调系统、地下人防通风系统、真空吸尘系统、冷凝水系统、空调(冷、热)水系统、冷却水系统、土壤源热泵换热系统、水源热泵换热系统、蓄能系统、压缩式制冷(热)设备系统、吸收式制冷设备系统、多联机(热泵)空调系统、太阳能供暖空调系统、设备自控系统共 20 章。提供了 200 多个常用细部节点做法，能够对项目基层管理岗位及操作层的实体操作及质量控制有所启发和帮助。

　　本书是一本实用性图书，可以作为监理单位、施工企业、一线管理人员及劳务操作层的培训教材。

责任编辑：张　磊
责任校对：芦欣甜

建筑工程细部节点做法与施工工艺图解丛书
通风空调工程细部节点做法与施工工艺图解
丛书主编：毛志兵
本书主编：张晋勋

*

中国建筑工业出版社出版、发行(北京海淀三里河路 9 号)
各地新华书店、建筑书店经销
北京红光制版公司制版
北京盛通印刷股份有限公司印刷

*

开本：850×1168 毫米　1/32　印张：8⅜　字数：223 千字
2018 年 11 月第一版　2022 年 10 月第八次印刷
定价：**30.00** 元
ISBN 978-7-112-22211-7
（31995）

编写委员会

主　　编：毛志兵

副 主 编：（按姓氏笔画排序）

冯跃　刘杨　刘明生　刘爱玲　李明

杨健康　吴飞　吴克辛　张云富　张太清

张可文　张晋勋　欧亚明　金睿　赵福明

郝玉柱　彭明祥　戴立先

审定委员会

（按姓氏笔画排序）

马荣全　王伟　王存贵　王美华　王清训　冯世伟

曲慧　刘新玉　孙振声　李景芳　杨煜　杨嗣信

吴月华　汪道金　张涛　张琨　张磊　胡正华

姚金满　高本礼　鲁开明　薛永武

审定人员分工

《地基基础工程细部节点做法与施工工艺图解》

中国建筑第六工程局有限公司顾问总工程师：王存贵

上海建工集团股份有限公司副总工程师：王美华

《钢筋混凝土结构工程细部节点做法与施工工艺图解》

中国建筑股份有限公司科技部原总经理：孙振声

中国建筑股份有限公司技术中心总工程师：李景芳

中国建筑一局集团建设发展有限公司副总经理：冯世伟

南京建工集团有限公司总工程师：鲁开明

《钢结构工程细部节点做法与施工工艺图解》

中国建筑第三工程局有限公司总工程师：张琨

中国建筑第八工程局有限公司原总工程师：马荣全

中铁建工集团有限公司总工程师：杨煜

浙江中南建设集团有限公司总工程师：姚金满

《砌体工程细部节点做法与施工工艺图解》

原北京市人民政府顾问：杨嗣信

山西建设投资集团有限公司顾问总工程师：高本礼

陕西建工集团有限公司原总工程师：薛永武

《防水、保温及屋面工程细部节点做法与施工工艺图解》

中国建筑业协会建筑防水分会专家委员会主任：曲惠

吉林建工集团有限公司总工程师：王伟

《装饰装修工程细部节点做法与施工工艺图解》

中国建筑装饰集团有限公司总工程师：张涛

温州建设集团有限公司总工程师：胡正华

《安全文明、绿色施工细部节点做法与施工工艺图解》

中国新兴建设集团有限公司原总工程师：汪道金

中国华西企业有限公司原总工程师：刘新玉

《建筑电气工程细部节点做法与施工工艺图解》

中国建筑一局（集团）有限公司原总工程师：吴月华

《建筑智能化工程细部节点做法与施工工艺图解》

《给水排水工程细部节点做法与施工工艺图解》

《通风空调工程细部节点做法与施工工艺图解》

中国安装协会科委会顾问：王清训

本书编委会

主编单位： 北京城建集团有限责任公司

参编单位： 北京城建集团有限责任公司工程总承包部

北京城建集团工程总承包机电安装部

北京城建安装集团有限公司

北京城建建设工程有限公司

北京城建六建设集团有限公司

北京城建亚泰建设集团有限公司

北京城五工程建设有限公司

主　　编： 张晋勋

副主编： 颜钢文　张　正

编写人员： （按拼音首字母排序）

<table>
<tr><td>蔡天卿</td><td>葛　宁</td><td>韩兴元</td><td>李文保</td><td>李振威</td></tr>
<tr><td>李凤伟</td><td>李燕敏</td><td>刘广华</td><td>刘晓赛</td><td>罗夕华</td></tr>
<tr><td>饶　彬</td><td>石　松</td><td>孙　菁</td><td>孙学军</td><td>田业光</td></tr>
<tr><td>王建林</td><td>王武龙</td><td>王　鑫</td><td>汪震东</td><td>谢会雪</td></tr>
<tr><td>邢海旺</td><td>徐学能</td><td>严　巍</td><td>姚雪鹏</td><td>叶　健</td></tr>
<tr><td>殷成斌</td><td>郑庆军</td><td>朱　龙</td><td>张立超</td><td>张小取</td></tr>
</table>

丛 书 前 言

过去的 30 年，是我国建筑业高速发展的 30 年，也是从业人员数量井喷的 30 年，不可避免的出现专业素质参差不齐，管理和建造水平亟待提高的问题。

随着国家经济形势与发展方向的变化，一方面建筑业从粗放发展模式向精细化发展模式转变，过去以数量增长为主的方式不能提供行业发展的动力，需要朝品质提升、精益建造方向迈进，对从业人员的专业水准提出更高的要求；另一方面，建筑业也正由施工总承包向工程总承包转变，不仅施工技术人员，整个产业链上的工程设计、建设监理、运营维护等项目管理人员均需要夯实专业基础和提高技术水平。

特别是近几年，施工技术得到了突飞猛进的发展，完成了一批"高、大、精、尖"项目，新结构、新材料、新工艺、新技术不断涌现，但不同地域、不同企业间发展不均衡的矛盾仍然比较突出。

为了促进全行业施工技术发展及施工操作水平的整体提升，我们组织业界有代表性的大型建筑集团的相关专家学者共同编写了《建筑工程细部节点做法与施工工艺图解丛书》，梳理经过业界检验的通用标准和细部节点，使过去的成功经验得到传承与发扬；同时收录相关部委推广与推荐的创优做法，以引领和提高行业的整体水平。在形式上，以通俗易懂、经济实用为出发点，从节点构造、实体照片（BIM 模拟）、工艺要点等几个方面，解读工程节点做法与施工工艺。最后，邀请业界顶尖专家审稿，确保本丛书在专业上的严谨性、技术上的科学性和内容上的先进性。使本丛书可供广大一线施工操作人员学习研究、设计监理人员作业的参考、项目管理人员工作的借鉴。

本丛书作为一本实用性的工具书，按不同专业提供了业界实践后常用的细部节点做法，可以作为设计单位、监理单位、施工企业、一线管理人员及劳务操作层的培训教材，希望对项目各参建方的操作实践及品质控制有所启发和帮助。

　　本丛书虽经过长时间准备、多次研讨与审查、修改，仍难免存在疏漏与不足之处。恳请广大读者提出宝贵意见，以便进一步修改完善。

丛书主编：毛志兵

本 册 前 言

本分册根据《建筑工程施工细部节点做法与施工工艺图解》编委会的要求，由北京城建集团有限公司工程总承包机电安装部、北京城建安装集团有限公司、北京城建建设工程有限公司、北京城建六建设集团有限公司、北京城建亚泰建设集团有限公司、北京城五工程建设有限公司共同编制。

在编写过程中，编写组认真研究了《通风与空调工程施工质量验收规范》GB 50243—2016《通风与空调工程施工规范》GB 50738—2011《建筑机电工程抗震设计规范》GB 50981—2014 等有关资料和图集，结合编制组施工经验进行编制，并组织北京城建集团有限责任公司内、外专家进行审查后定稿。

本分册主要内容有：通风与空调工程中管道制作、安装、防腐、保温以及设备和阀部件安装等，每个节点包括实景或 BIM 图片及工艺说明两部分，力求做到图文并茂、通俗易懂。

本分册编制和审核过程中，参考了众多专著书刊，在此表示感谢。

由于时间仓促，经验不足，书中难免存在缺点和错漏，恳请广大读者指正。

目　录

13

第一章 送 风 系 统

010101 墙体预留孔洞

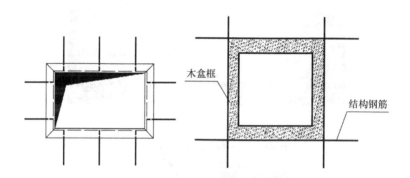

木盒框

结构钢筋

工艺说明：风管预留孔洞由结构施工单位负责，机电施工方提供预留孔洞尺寸及定位图并监督实施（孔洞宽度＝风管宽度＋200，孔洞高度＝风管高度＋200），砌体预留孔洞上方需设置过梁。

010102　热镀锌卷板

工艺说明：金属风管包括钢板风管、不锈钢板风管和铝板风管，常使用热镀锌钢板加工制作，镀锌层厚度不应低于80g/m²，厚度有0.5mm、0.6mm、0.75mm、1.0mm、1.2mm等。

010103 金属风管联合角咬口加工

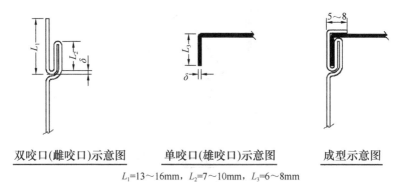

双咬口(雌咬口)示意图   单咬口(雄咬口)示意图   成型示意图

L_1=13~16mm，L_2=7~10mm，L_3=6~8mm

工艺说明：适用于微、低、中、高压系统矩形风管或配件四角咬口连接。

3

010104 金属矩形风管弯头制作

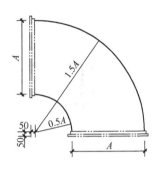

内外弧矩形弯管

工艺说明：内外弧矩形弯管之中心曲率半径宜≥
1.5A，当此曲率半径＜1.5A时，应设导流叶片，导流叶
片的弧度应与弯管的角度相一致。

010105 金属风管咬口加工

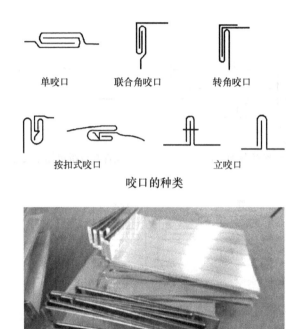

单咬口   联合角咬口   转角咬口

按扣式咬口   立咬口

咬口的种类

工艺说明：用金属薄钢板加工制作风管和配件时，其加工连接的方法有咬口连接、铆接和焊接三种，咬口连接是最常用的连接方式，咬口连接分为手工咬口和机械咬口两种。

010106 C形插条制作

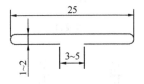

C形插条加工尺寸

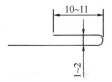

风管端口折边加工尺寸

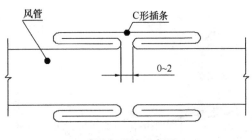

C形插条联结示意图

工艺说明：插条与风管插口的宽度应匹配，联结处应平整、严密，水平插条长度与风管宽度应一致，垂直插条的两端各延长不少于20mm。

010107　金属风管变径制作

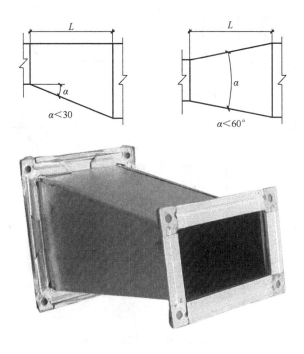

010108　风管弯头导流叶片

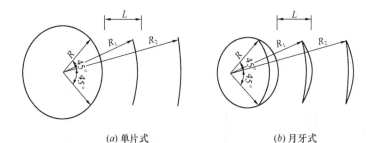

(a) 单片式　　　　　　　　　　(b) 月牙式

工艺说明：矩形风管弯头边长大于或等于 500mm，且内弧半径与弯头端口边长比小于或等于 0.25 时，应设置导流叶片，其间距 L 可采用等距或渐变设置，数量可采用平面边长除以 500 的倍数来确定，最多不宜超过 4 片。

010109 薄钢板"TDF"连体法兰矩形风管制作

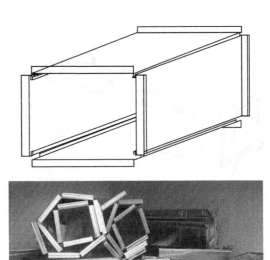

工艺说明：采用全自动流水线完成各种工序，生产效率高、尺寸准确、成型质量好，可减少边角料的损耗，生产可实现工厂化制作，工地减少了制作风管产生的噪声污染。

010110 薄钢板"TDC"组合法兰矩形风管制作

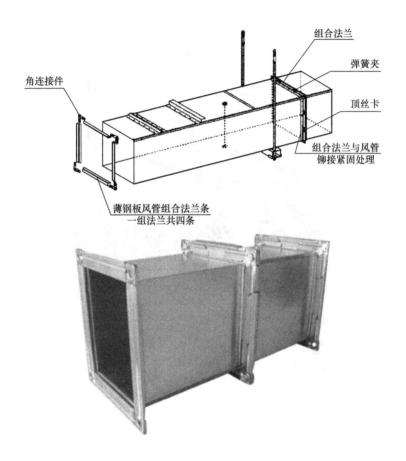

工艺说明：采用专用法兰成型机加工成薄钢板法兰条，并根据风管边长切割，组合成法兰状，再插入已做成的直风管上，经过铆（压）接后成为单节风管。宜用单机制作。

010111 金属风管压筋加固

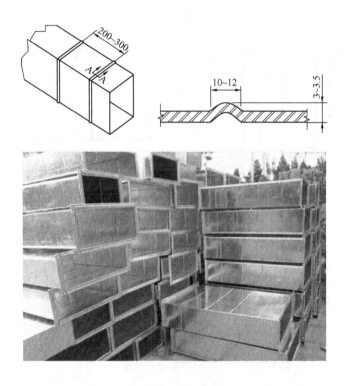

工艺说明：边长小于或等于800mm的风管宜采用压筋加固。风管压筋加固间距不应大于300mm，靠近法兰端面的压筋与法兰间距不应大于200mm，风管管壁压筋的突出部分应在风管外表面。

010112 金属风管型钢加固

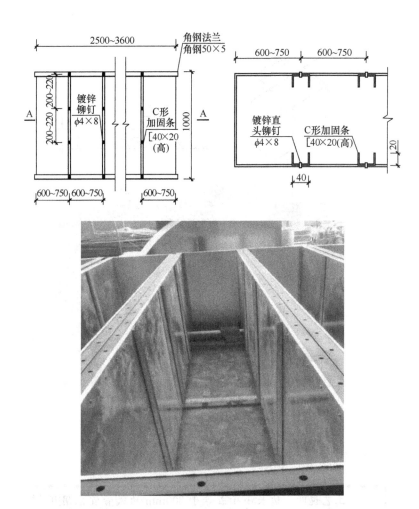

工艺说明：风管加固应排列整齐，间隔应均匀对称，与风管的连接应牢固，铆钉间距不应大于220mm。

010113　风管螺杆内支撑加固方式

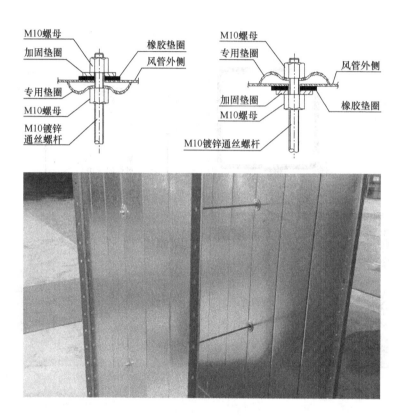

工艺说明：风管采用镀锌螺杆内支撑时，镀锌加固垫圈应置于管壁内外两侧，正压时密封圈置于风管外侧，负压时密封圈置于风管内侧，风管四个壁面均加固时，两根支撑杆交叉成十字状。

010114　薄钢板风管法兰密封做法

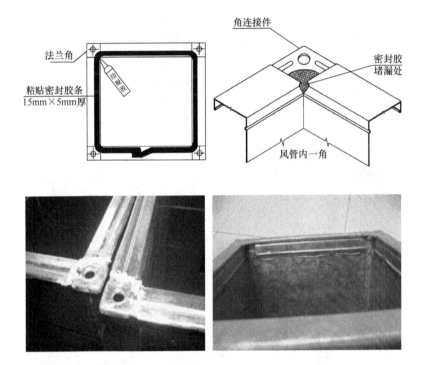

工艺说明：角件与薄钢板风管法兰四角接口应牢固、端面平整，并在四角填充密封胶，避免漏风，密封胶固化后应保证有弹性，密封胶应具有防霉特性。

010115　金属风管角钢法兰制作

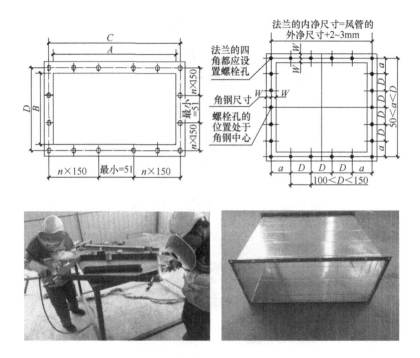

010116　金属风管与角钢法兰连接

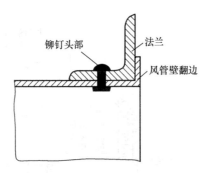

铆钉头部　法兰　风管壁翻边

工艺说明：板厚小于或等于1.2mm的风管与角钢法兰连接时，应采用翻边铆接。翻边紧贴法兰，翻边量均匀，宽度一致，不应小于6mm，且不应大于9mm。铆钉间距宜为100～150mm，且数量不宜小于4个。

010117 风管 C 形插条连接

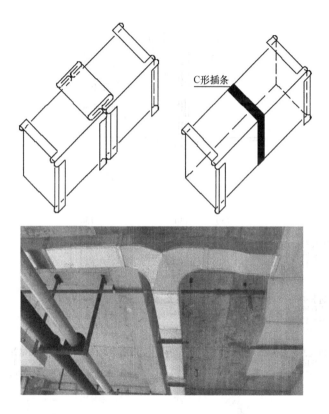

工艺说明：联结处应平整、严密，垂直插条的两端各延长不少于20mm，插接完成后应折角并用铆钉锁定，在转角连接处用密封胶进行密封处理。

010118 弹簧夹构造与安装

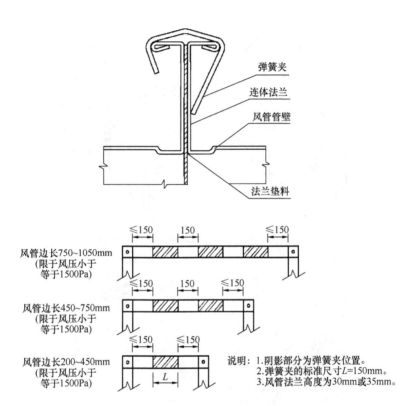

弹簧夹

连体法兰

风管管壁

法兰垫料

风管边长750~1050mm
(限于风压小于
等于1500Pa)

≤150   150   ≤150

风管边长450~750mm
(限于风压小于
等于1500Pa)

≤150   150   ≤150

风管边长200~450mm
(限于风压小于
等于1500Pa)

≤150   ≤150

L

说明：1.阴影部分为弹簧夹位置。
　　　2.弹簧夹的标准尺寸L=150mm。
　　　3.风管法兰高度为30mm或35mm。

工艺说明：弹簧夹标准长度为150mm，弹簧夹之间的间距应≤150mm，最外端的弹簧夹离风管边缘空隙距离不大于150mm。

010119 矩形风管薄钢板法兰弹簧夹连接

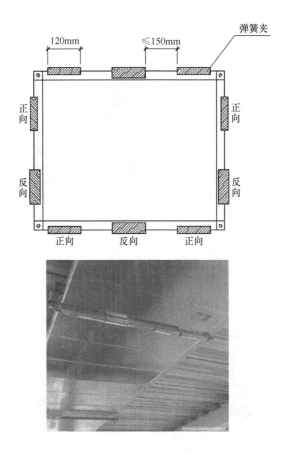

工艺说明：薄钢板法兰弹簧夹长度宜为 120～150mm，弹簧卡间距中、低压风管不大于 150mm，高压风管不大于 100mm，弹簧夹厚度不小于 1.0mm，且不低于风管本体厚度，弹簧夹在安装时应一正一反交错卡压，均匀分布于风管法兰边上。

010120 风管支吊架制作

工艺说明：风管支架的悬臂、吊架的吊铁采用角钢或者槽钢制作；斜撑的材料采用角钢；吊杆采用圆钢；扁铁用来制作抱箍。吊杆圆钢应根据风管安装的标高适当截取，套螺纹末端不应超过托盘最低点。

010121 风管支吊架安装

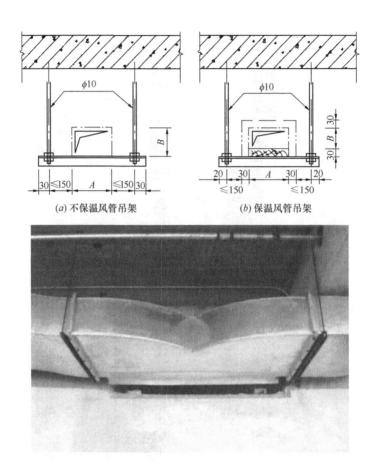

(a) 不保温风管吊架   (b) 保温风管吊架

> **工艺说明**：风管吊杆直径不得小于6mm。吊杆与风管之间距离为30mm。吊杆螺栓孔应钻孔，固定吊杆螺栓上下加锁母。保温风管应加木质衬垫，其厚度不小于保温材料厚度。吊架间距不大于4000mm。

010122　风管共用支吊架

　　工艺说明：风管系统共用支、吊架应构造合理，风管吊装应水平，吊架应垂直。风管共用支、吊架应进行受力计算。

010123　风管支吊架固定点

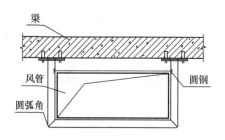

工艺说明：当水平悬吊的主、干风管长度超过 20m 时，应设置防止摆动的固定点，且每个系统不应少于 1 个。

010124　金属风管安装

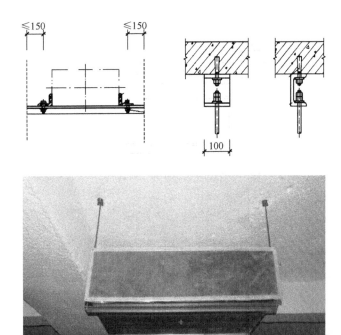

工艺说明：风管水平安装，长边尺寸小于等于400mm，最大间距不大于4m；大于或等于400mm，最大间距不大于3m。风管垂直安装，间距不应大于4m，但每根立管固定点不应小于2个。

010125 玻璃钢风管安装

工艺说明：

（1）采用法兰连接时，垫片宜采用 3～5mm 软聚氯乙烯板或耐酸橡胶板；

（2）直管长度大于 20m 时，应按设计要求设置伸缩节，支管的重量不得由干管承受；

（3）所有的金属附件及部件，均应做防腐处理；

（4）其他同金属风管安装要求。

010126 织物布风管安装

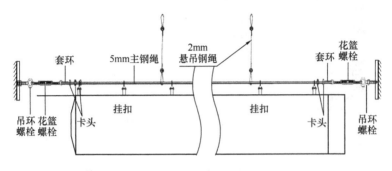

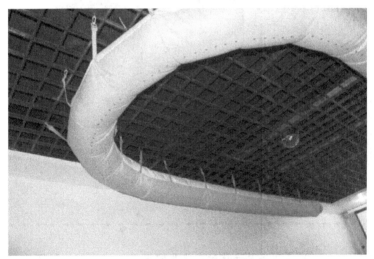

工艺说明：整体采用柔软材质制作，安装灵活，可重复使用，依靠纤维渗透和喷孔射流的独特出风模式，能实现均匀线式送风。

010127 风管抗震支吊架安装

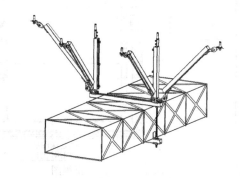

工艺说明：矩形截面面积大于等于0.38m² 和圆形直径大于等于0.7m的风道可采用抗震支吊架，防排烟风道、事故通风风道应采用抗震支吊架。通风及排烟管道新建工程普通刚性材质风管抗震支吊架最大间距要求：侧向为9m，纵向为18m。

010128 风阀安装

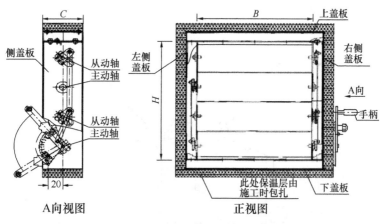

A向视图　　　　　　　　正视图

010129 金属风管法兰防腐

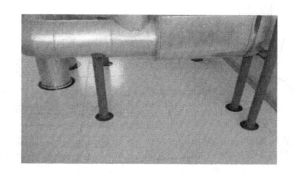

工艺说明：风管法兰喷涂底漆前，应清除表面的灰尘、污垢与锈斑，并保持所喷漆物件干燥。面漆与底漆漆种应相同，如漆种不同时，应做亲溶性试验。喷涂油漆应使漆膜均匀，不得有堆积、漏涂、皱纹、气泡、掺杂及混色等缺陷。支吊架的防腐处理应与风管和管道一致。

010130 通风机安装

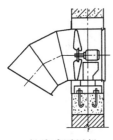
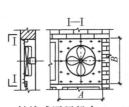
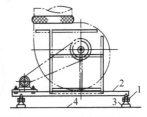

轴流式通风机
在墙洞内安装

轴流式通风机在
钢窗上安装

通风机安装在减振型钢支架上
1—减振器；2—型钢支架；
3—混凝土支墩；4—支承结构

工艺说明：风机设备安装就位前，按设计图纸并依据建筑物的轴线、边线及标高线放出安装基准线，将设备基础表面的油污、泥土杂物清除和地脚螺栓预留孔内的杂物清除干净。风机安装在无减震器支架上，应垫上4～5mm厚的橡胶板，找平找正后固定牢。

010131　风机减振器安装

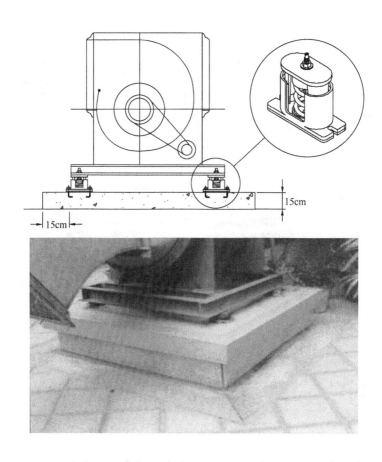

工艺说明：混凝土基础坚实平整，风机减振器四角布置齐全，槽钢支架安装牢固。

010132　风机落地安装

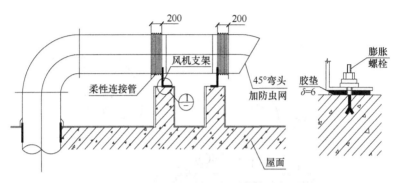

工艺说明：风机有直接安装在基础上和安装在隔振装置上两种方式。隔振器安装，除要求地面平整外，应注意各组隔振器承受荷载的压缩量应均匀，不得偏心。风机的进出风口与风管连接应采用性能符合要求的软连接。

010133 柔性短管与角钢法兰连接

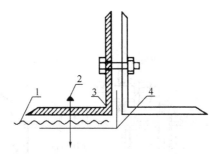

柔性短管与角钢法兰连接示意
1—柔性短管；2—铆钉；3—角钢法兰；
4—镀锌钢板压条

工艺说明：柔性短管与角钢法兰组装时，可采用条形镀锌钢板压条的方式，通过铆接连接。压条翻边宜为6～9mm，紧贴法兰，铆接平顺，铆钉间距宜为60～80mm。

010134　风管软连接安装

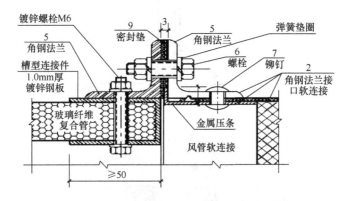

工艺说明：风管软接头与角钢法兰连接时，可采用条形镀锌钢板压条的方式，通过铆接连接。压条翻边宜为6～9mm，紧贴角铁法兰，铆接连接平顺，铆钉间距宜为60～80mm。不得使用软连接做变径使用。

010135 风管与风机软连接安装

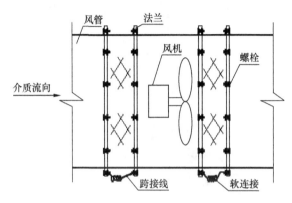

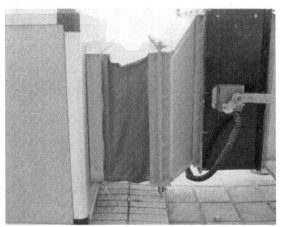

工艺说明：风机、风管应同心，柔性短管的长度宜为150~300mm，软接应平顺、松紧适宜、接缝连接严密，无开裂、扭曲现象。

010136 柔性短管安装

工艺说明：柔性短管的安装，应松紧适度，目测平顺、不应有强制性的扭曲。可伸缩金属或非金属柔性风管的长度不宜大于 2m，柔性风管支吊架的间距不应大于 1500mm。

010137   屋面风机不锈钢软接头安装

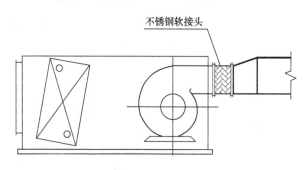

工艺说明：屋面风机进风口增加向下弯头，可防止雨水进入侵蚀风机。采用不锈钢软接头，克服了其他类型软连接强度、抗腐蚀性、抗老化性差的缺点。

010138　风管漏风量检测

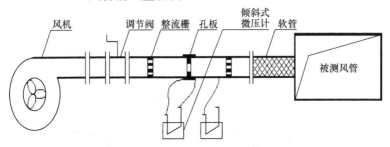

工艺说明：风管检测段两端封堵严密，并在一端留有两个测量接口，接通电源，向测试风管内注入风量，缓慢升压，使被测风管压力示值控制在测试的压力点上，保持稳定，记录微压计的压力，根据风管的允许漏风量计算漏风量是否满足规范要求。检测也可通过风管漏风测试仪来完成。

010139 风管测量孔截面位置选取

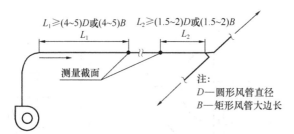

测量截面位置图

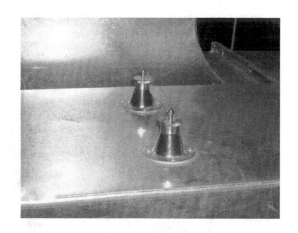

工艺说明：风管测量截面位置应选在气流比较稳定、流速比较均匀的直管段上。一般选在产生局部阻力管件之后大于等于4～5倍管径（或风管大边长），和产生局部阻力管件之前大于等于1.5～2倍管径（或风管大边长）的直管段上。

010140 风口风量测量

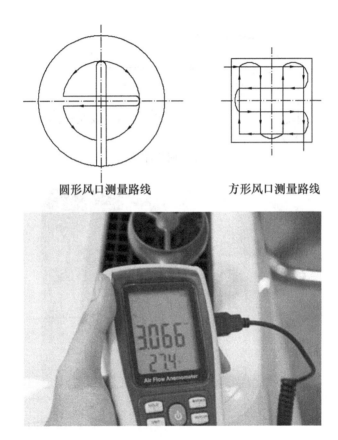

圆形风口测量路线　　　　　　方形风口测量路线

工艺说明：采用叶轮风速仪测量时，仪器贴近风口按测量路线慢慢地均匀移动，移动时风速仪不应离开测定平面，需进行三次测量，取平均值。

第二章 排风系统

020101 室外风管安装

工艺说明：室外风管安装应固定牢靠，风管固定不得与避雷针或避雷网连接，风管顶部应有防雨措施。

020102 垂直排风管道防回流做法

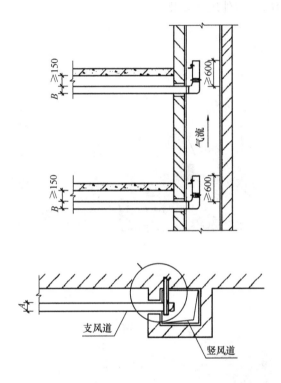

工艺说明：本图垂直排风管道主要为厨房、卫生间的竖风道，在支风管与竖风管交接处应采用水泥砂浆封堵严密，支风管应伸进竖风管边并沿气流方向做出一段直管。

020103 屋面排风帽安装

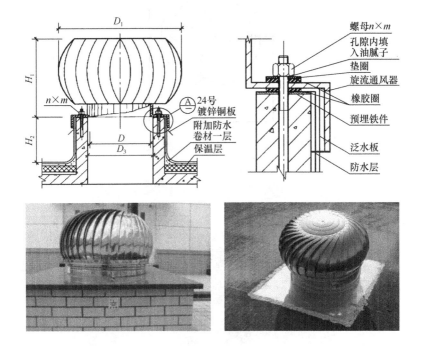

工艺说明：风帽安装于室外屋面上或排风系统的末端排风口处，是自然排风的重要装置之一。安装于屋面上的筒形风帽应安装牢固，使风帽底部和屋面结合严密，注意做好屋面防水。

020104　侧墙排气扇安装

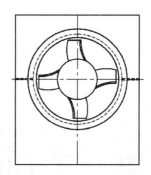

　　工艺说明：安装前检查是否完整无损，有无紧固件掉落或松动现象；安装应牢靠、结实、平稳，距地面宜2.3m以上；风口对面2.5~3m内不能有大的障碍物；排气扇与柔性软管连接长度不宜超过2m，且不应有大于45°的弯曲；安装后检查无异常，进行试工作。

020105 厨房排风罩安装

工艺说明：排风罩的平面尺寸应比炉灶尺寸大100mm；排风罩下沿距炉灶面距离不宜大于1.0m，排风罩的高度不宜小于600mm。

020106　屋面油烟净化器安装

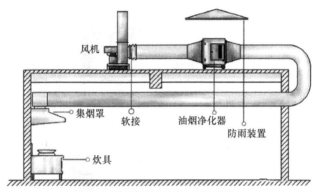

油烟净化器室外安装 高空排放

　　工艺说明：油烟净化器室外安装时，宜在设备上方安装防雨装置以增加油烟净化设备的使用寿命，且净化器周围需要预留维修空间、机箱门应有90°以上直角自由开启空间以便于日后保养、清洗、维修。

020107 管道标识

工艺说明：字体大小、颜色和位置要满足整体美观和规范要求；气流方向应予以明确标识；为满足美观要求，管道标识应做专项交底，统一标识，不应各自随意标识；如采用粘贴材料，应采用阻燃材料。

第三章　防排烟系统

030101　正压送风口安装

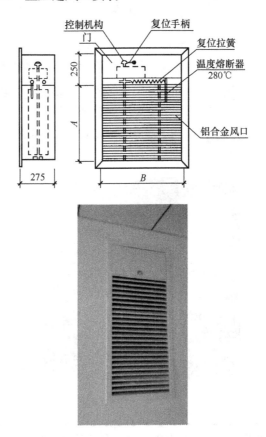

030102　风管穿防火隔墙安装

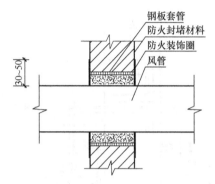

钢板套管
防火封堵材料
防火装饰圈
风管

30~50

　　工艺说明：风管穿过需封闭的防火、防爆墙体，设钢板套管厚度不小于1.6mm的钢制防护套管；风管与防护套管之间应填充不燃柔性且对人体无危害的防火材料封堵严密。

030103 防火阀楼板上安装

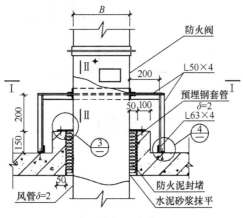

防火阀楼板上安装

工艺说明：防火阀固定应牢固，操作手柄朝向应一致，应有不小于200mm的操作空间。

030104 防火阀吊耳安装

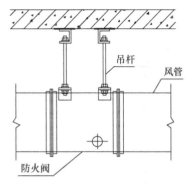

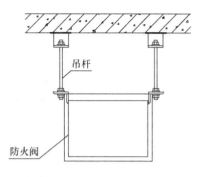

┌───┐
工艺说明：各类风阀应安装在便于操作及检修的部
位，安装后的手动或电动操作装备应灵活、可靠，阀板关
闭应保持严密。防火分区隔墙两侧的防火阀，距墙表面不
应大于200mm；防火阀直径或长边尺寸大于等于630mm
时，宜设独立支、吊架，支架不得影响阀门检修及动作。
└───┘

030105 防火阀吊架安装

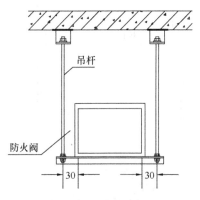

工艺说明：防火分区隔墙两侧的防火阀，距墙表面不应大于200mm；防火阀直径或长边尺寸大于等于630mm时，宜设独立支、吊架，支架不得影响阀门检修及动作。

030106 排烟风机吊装

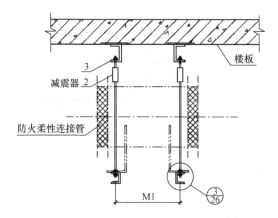

工艺说明：

（1）风机的进、出口不得承受外加的重量，相连接的风管、阀件应设置独立的支、吊架，连接风管和风机的软接头应用防火材料且不应出现偏心。

（2）丝杆两端宜采用双螺母，减震器应靠近顶部安装，高度应一致。

030107 防火阀安装

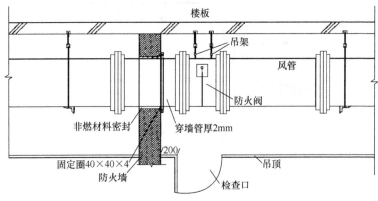

防火阀安装示意图

工艺说明：防火阀与隔墙距离不大于200mm，吊顶安装时，下部应预留检查口。

030108 防火阀安装

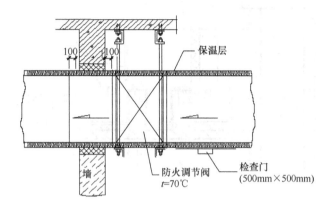

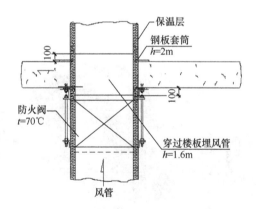

工艺说明：防火阀安装时应顺气流、靠墙安装，且距离墙壁最大距离不宜超过200mm，防火阀长边大于等于630mm时，设独立支吊架。

030109 屋面轴流风机安装

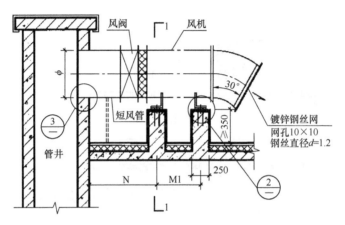

工艺说明：风机基础的混凝土强度应≥C25；当M1≤550mm时，风机基础可以做成一个整体；风管出风井处设支架；基础安装平面要求平整、光洁。

030110 屋面风机减震器安装

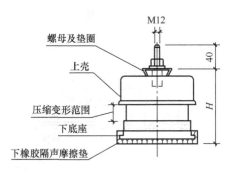

工艺说明：安装前找平，在准备安装减震器的位置旁，先放置略高于减震器原始高度的木垫块，放上台座后，先安装设备，随后放置减震器，再撤除垫木。减震器承受荷载后，高度误差应不大于2mm。

030111　屋面风机安装防虫网

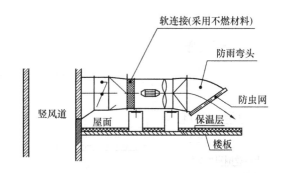

工艺说明：排烟风机装置的外露部位以及直通大气的出口处，必须装设防护罩（网）或采取其他防虫措施，防虫网可采用镀锌钢丝，网孔10mm×10mm，钢丝直径1.2mm。

030112　屋面风机防雨雪

工艺说明：屋顶防排烟风机采用遮雨罩、软接头采用防水包覆，起到防护作用，延长设备使用寿命。

第四章 除尘系统

040101 静电除尘器安装

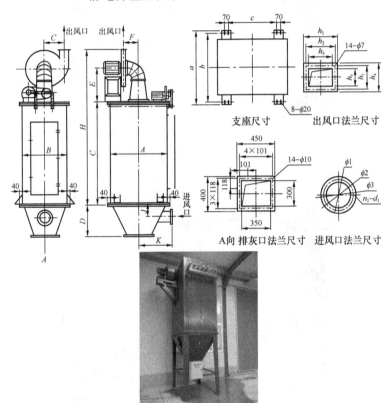

支座尺寸

出风口法兰尺寸

A向 排灰口法兰尺寸　进风口法兰尺寸

工艺说明：

（1）型号、规格、进出口方向必须符合设计要求；

（2）现场组装的除尘器壳体应做漏风量检测，在设计工作压力下允许漏风率为5%，其中离心式除尘器为3%；

（3）布袋除尘器、电除尘器的壳体及辅助设备接地应可靠。

040102 立式油网滤尘器安装

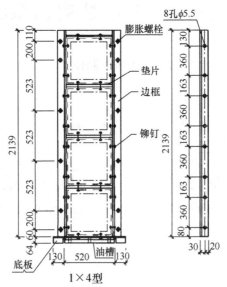

1×4型

┌───┐
│　　工艺说明：当油网滤尘器数量超过4块时，宜采用立
│式安装，立式安装可分为单列和两列并列安装形式，垂直
│方向可在1×2、1×3、1×4、1×5组合中任选一种；滤
│尘器网孔大的面为迎风面，网口小的面为背风面；
│　　安装油网滤尘器的隔墙宜为钢筋混凝土墙。
└───┘

第五章 舒适性空调系统

050101 玻璃纤维复合板风管制作

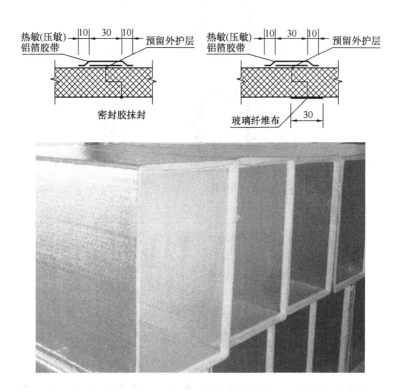

工艺说明：玻璃纤维复合板内、外表面层与玻璃纤维绝热材料粘结应牢固，复合板表面应能防止纤维脱落，内表面玻璃纤维布不得有断丝、断裂等缺陷。

050102　玻璃纤维复合风管制作

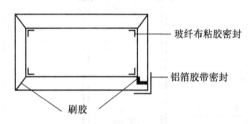

　　玻纤布粘胶密封

　　铝箔胶带密封

　　刷胶

　　工艺说明：材料进场检验（常规厚度为 25mm，板材铝箔无破损、开裂），下料，涂版材胶（板材切口全部被板材胶覆盖，板材胶厚度为 1mm 为合格），风管合板（板材合板时使用压尺用力让接缝处完全粘合，并保证两边应垂直。风管的表面应平整两端平行，无明显凹穴、变形、起泡，铝箔无破损），管外铝箔贴边，涂法兰胶，法兰安装和加锌铁补角。

050103　玻璃纤维复合风管加固

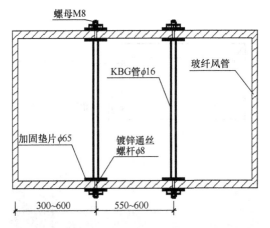

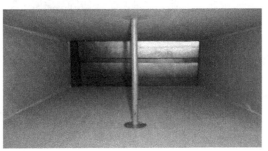

工艺说明：当大边长超过 630mm 及以上的风管需要加固。顺长边方向中间进行空间高度加固，按间距 300～600mm 在风管上确定加固 KBG 管（$\phi16$）的位置，加固点宜居中或均匀对称分布，上下孔应垂直对应。KBG 管加工长度为风管高度减两个碟片厚度，将 KBG 管及内侧两端碟片置于螺栓孔对应位置后，穿通丝螺杆（$\phi8$），外侧加圆形碟片（65mm）及螺帽固定，并用圆头螺帽收头。

050104　玻璃纤维复合风管定型

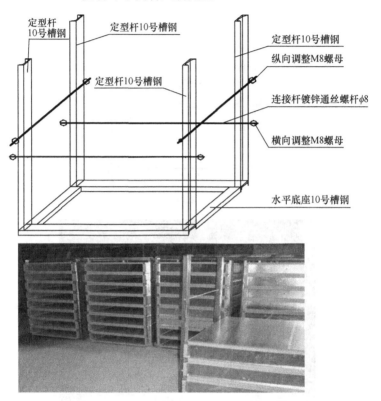

定型杆10号槽钢

定型杆10号槽钢

定型杆10号槽钢

定型杆10号槽钢

定型杆10号槽钢

纵向调整M8螺母

连接杆镀锌通丝螺杆ϕ8

横向调整M8螺母

水平底座10号槽钢

　　工艺说明：密封完成后的风管应及时用模具加挤方法进行定型处理。玻璃纤维复合风管定型模具，包括水平底座和多根均固定安装（由10号槽钢制作）在水平底座上的竖向定型杆（由10号槽钢制作），竖向定型杆顶端之间通过一根纵向连接杆（镀锌通丝螺杆ϕ8）连接为一体，两列竖向定型杆之间的间距与被定型玻璃纤维复合风管的横向宽度相同；两根竖向定型杆中部之间通过一根横向连接杆（镀锌通丝螺杆ϕ8）连接，横、纵向连接杆的左右端部均安装有调整螺母。

050105　玻镁复合风管制作

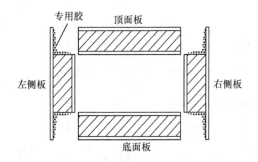

工艺说明：玻镁复合风管采用胶粘，专用胶一般由粒剂与液剂两部分组成，在现场配置，要严格按说明书要求的配比配制，并充分搅拌成稍有流动性为宜。搅拌应采用电动机搅拌，不得采用棒、手拌。

050106　玻镁复合风管制作

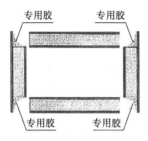
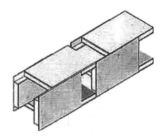

工艺说明：

（1）裁板→粘接→成型（按规范要求两层玻镁板一层隔热层）→检验→捆扎固化→入库。

（2）现场制作的风管不得缩小其有效通风截面。风管连接就平直，水平度允许偏差 3/1000，总偏差不应大于 20mm，垂直安装允许偏差 2/1000，总偏差不应大于 20mm。

050107 玻镁复合风管安装

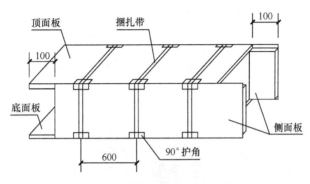

工艺说明：风管组装完成后，应在组合好的风管两端扣上角钢制成的Ⅱ形箍，然后用捆扎带对风管进行捆扎。

050108 聚氨酯铝箔复合风管制作

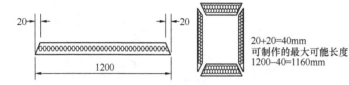

20+20=40mm
可制作的最大可能长度
1200−40=1160mm

工艺说明：聚氨酯铝箔复合风管制作切割成上图形状，然后胶粘成型。粘接时，再接缝处刷三道胶水，最后一道胶水干时（手摸时不粘手）粘接。粘接后在风管外壁接缝处粘贴铝箔胶带（粘接前清洁风管表面）。

050109　酚醛铝箔复合风管制作

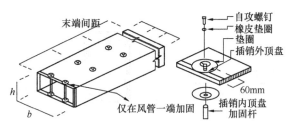

平面加固示意图

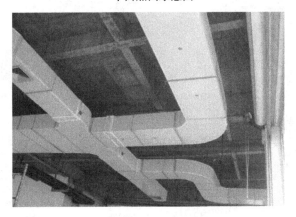

工艺说明：制作风管时为保证风管制作后的强度，在下料时粘合处有一边要保留20mm铝箔做护边。粘接缝在粘接后应平整，不得有歪斜，错位、局部开裂，以及2mm以上的缝隙等缺陷。选择胶水可选用高固含量，固化程度快，合适酚醛铝箔复合板的专用胶水。在选用溶剂型胶液时，一定要使溶剂挥发后，在进行风管拼接。

050110　硬聚氯乙烯风管制作

焊缝形式	图形	焊缝高度 (mm)	板材厚度 (mm)	坡口角度 α(°)	使用范围
V形对接焊缝		2~3	3~5	70~90	单面焊的风管
X形对接焊缝		2~3	≥5	70~90	风管法兰及厚板的拼接

工艺说明：下料后的板材应按板材的厚度及焊缝的形式，用锉刀、木工刨床或砂轮机、坡口机等刨切坡口，坡口的角度和尺寸应均匀一致，焊缝背面应留有0.5~1.0mm的间隙，以保证焊缝根部有良好的接合。

050111 硬聚氯乙烯风管安装

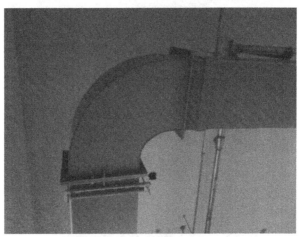

工艺说明：风管与法兰焊接时法兰端面应垂直于风管轴线，直径或边长大于500mm的风管与法兰的连接处，宜均匀设置三角支撑加强板，加强板间距不应大于450mm。

050112　内保温风管制作

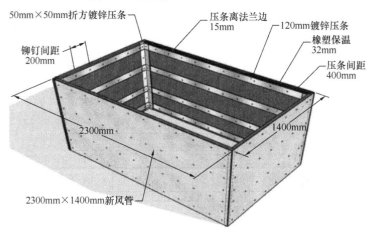

50mm×50mm折方镀锌压条
压条离法兰边 15mm
120mm镀锌压条
橡塑保温 32mm
铆钉间距 200mm
压条间距 400mm
2300mm
1400mm
2300mm×1400mm新风管

　　工艺说明：保温材料的选用按设计要求。进行选用裁剪时首先在橡塑板材置于平整的木板上，其次依照每节风管尺寸下料，分四块板材；最后使用端面平直的模具（靠尺）压住板材，利用专用割刀进行裁剪。严禁随意切割，造成裁口不平整，影响保温效果及美观。采用压条的方式固定保温材料。

050113 复合风管插条式法兰接口冷桥处理小块制作

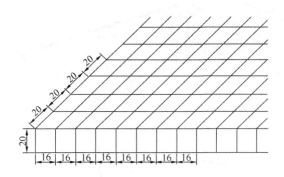

工艺说明：根据工程实际情况确定所需封堵小块的规格（长×宽×高），进行放样划线，可利用复合板材余料制作封堵块。

050114 复合风管插条式法兰接口冷桥处理小块安装

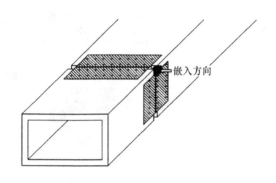

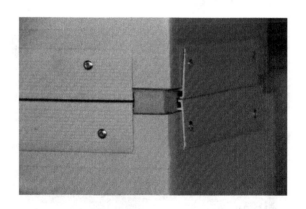

工艺说明：将切割成小块的封堵板材镶嵌到风管法兰连接处的缺口位置，镶嵌的时候不可大力或者用锤子敲打，以免封堵材料碎裂，影响效果。

050115　复合风管插条式法兰接口安装

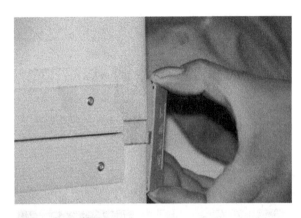

工艺说明：不同于传统的在复合风管法兰连接处打胶、贴铝箔的做法，在封堵块镶嵌完毕后，在法兰接口处安装复合风管专用的装饰角，完成风管系统的组装。

050116 铝箔金属保温软管吊装

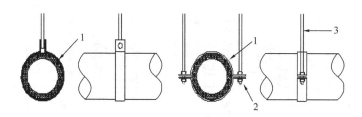

1—吊卡箍；2—镀锌螺栓；3—通丝吊杆

> 工艺说明：最大长度不超过管道直径的 5 倍或 1.5 米，吊卡箍用 40×4 扁钢制作，吊卡箍可直接安装于保温层上，吊卡间距小于 1.5m。

050117 空调处理机组安装

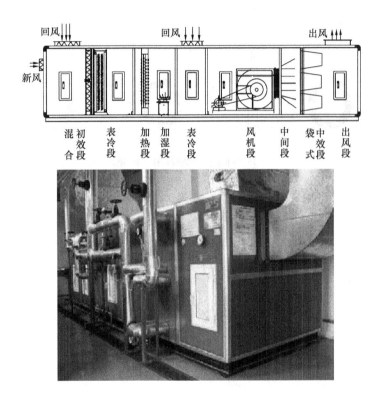

工艺说明：空调机组安装时，应检查各功能段的排列顺序必须与设计图纸相符；各功能段之间连接应严密；机组安装应平直，检查门开启应灵活，并能锁紧；机组内应清扫干净；空气过滤器和空气热交换器翅片应清洁完整。

050118　空气处理机组落地安装

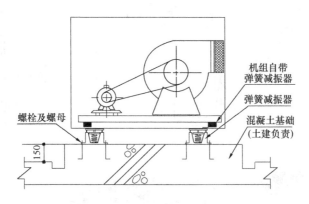

工艺说明：按空气处理机的外形几何尺寸设置混凝土基础，基础高度为150mm。设备安装应平整、牢固，就位尺寸应准确，连接严密，四角垫弹簧减振器或橡胶垫，各组减振器承受荷载应均匀，运行时不得出现移位现象。

050119　组合式空调机组安装

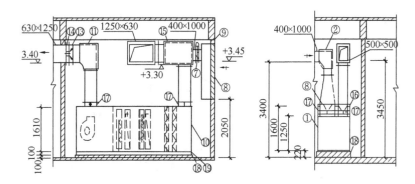

工艺说明：设备安装前，检查各功能段，外表及内部，清洁干净，无损坏，手盘叶轮转动灵活、与机壳无摩擦，检查门关闭严密。隔振安装位置和数量正确，机组与水管道连接时，设置隔振软接头，其耐压值大于或等于设计工作压力的1.5倍，水管道应设置独立的支、吊架。机组凝结水的水封符合产品技术文件的要求。

050120　空气热回收机组（装置）安装

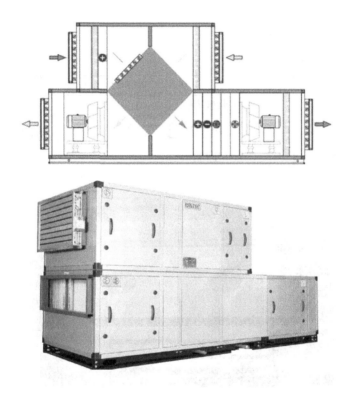

工艺说明：热回收装置的周围，应考虑适当的设备检修和空气过滤器抽取空间。热回收装置落地安装时，应设置在设备专用基础上，基础高度可取50～100mm，尺寸宜取设备底座外扩100mm。热回收装置在安装完毕后，应进行新风、排风之间交叉渗漏风的监测调试；应进行通风、空调系统与该装置的联动调试。

050121 远程射流空调机组安装

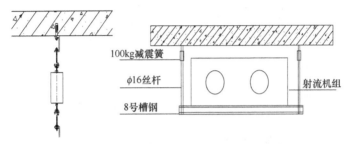

工艺说明：

（1）风机四角设置弹簧减震器，安装牢固，紧固件、弹簧垫、平垫均为镀锌件。

（2）就位后检查水平度或垂直度应符合要求。

050122　换热器安装

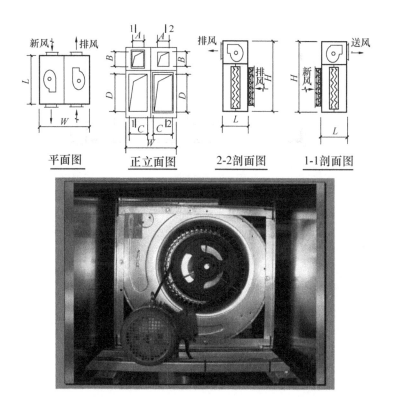

平面图　　　正立面图　　　2-2剖面图　　　1-1剖面图

工艺说明：安装的位置、转轮旋转方向及接管应正确，运转应平稳。

050123　设备限位器安装

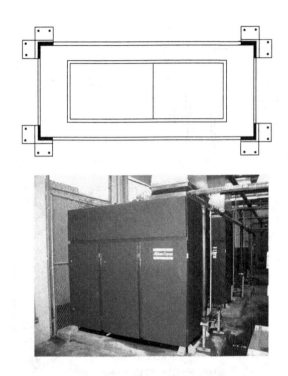

工艺说明：运行时产生振动的风机、水泵、压缩式制冷机组（热泵机组）、空调机组、空气能量回收装置等设备、设施或运行时不产生振动的室外安装的制冷设备等设备、设施对隔声降噪有较高要求时，应设防振基础，且应在基础四周设限位器固定。

050124 过滤器安装

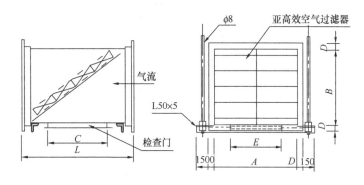

工艺说明：过滤器安装应便于拆卸和更换，过滤器与框架及框架与风管或机组壳体之间应严密。

050125 消声器安装

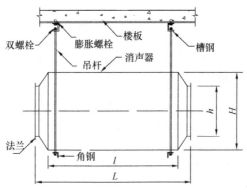

工艺说明：消声器在安装前应检查支、吊架等固定件的位置是否正确，预埋件或膨胀螺栓是否安装牢固、可靠。支、吊架必须保证所承担的载荷在允许的范围内。消声器支、吊架的横置角钢上穿吊杆的螺孔距离，应比消声器宽40～50mm。为了便于调节标高，可在吊杆端部套有50～60mm的丝扣，以便找平、找正。消声器的安装位置、方向必须正确，与风管或管件的法兰连接应保证严密牢固。

050126　静压箱安装

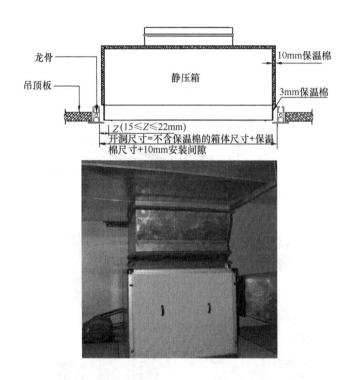

工艺说明：消声静压箱采用镀锌钢板制作，内贴50mm厚离心玻璃棉，并用开孔率＞50％的孔板做内壁。保证消声静压箱内表面的吸声材料牢固可靠，内表面平整，不能凹凸不平，即具有消声功能，也不会出现漏风现象。

050127 风机盘管水压试验

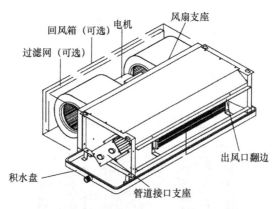

回风箱（可选） 电机 风扇支座
过滤网（可选）
出风口翻边
积水盘
管道接口支座

工艺说明：试验压力为系统工作压力的 1.5 倍，试验观察时间为 2min，不渗漏为合格。检查数量按总数抽查 10%，且不得少于 1 台。

050128　风机盘管连接

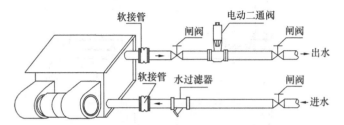

工艺说明：水管与风机盘管连接可采用金属软管，接管应平直，严禁渗漏，风机盘管供水入口处应装设过滤器，电动两通阀用于控制冷水或热水空调系统管道的开启或关闭。

050129 风机盘管安装

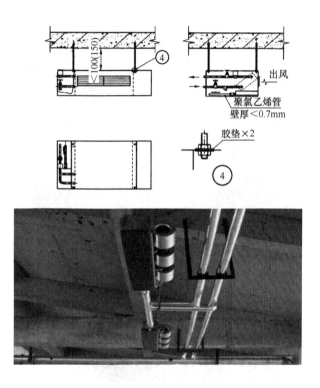

工艺说明：风机盘管在安装前应检查每台电机壳体及表面交换器有无损伤、锈蚀等缺陷。电机盘管和诱导器应每台进行通电试验检查，机械部分不得摩擦，电气部分不得漏电。风机盘管应逐台进行水压。卧式吊装风机盘管，吊架安装平整牢固，位置正确。吊杆不应自由摆动，吊杆与托盘相联应用双螺母竖固找平正。

050130　VAV空调装置安装

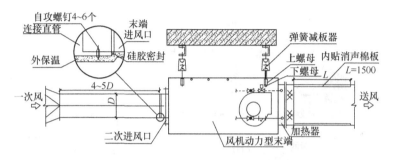

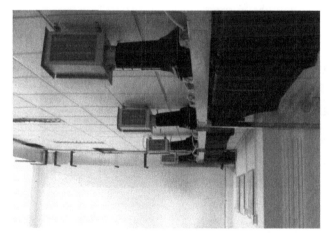

工艺说明：设备安装牢固可靠，且平正，与进、出风管连接时，设置柔性短管。

050131 VAV箱体连接软管安装

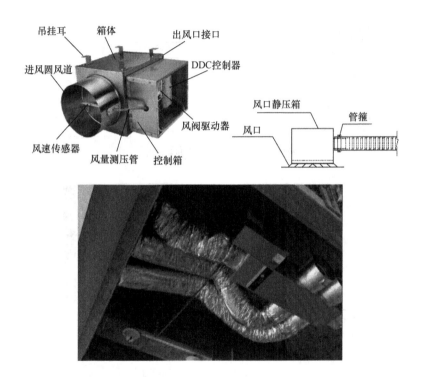

工艺说明：VAV箱与风口静压箱连接采用玻璃棉纤维复合铝箔软风管。软管安装时，要有独立的、适当的承托，连接风管和风口要使用规范的、具有一定宽度的扎带绑扎，不允许使用钢丝、铁丝绑扎。

050132　送风孔板安装

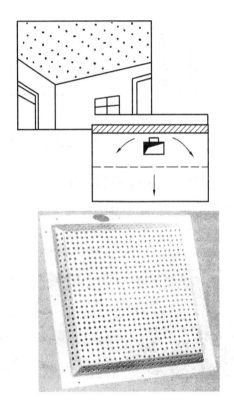

工艺说明：送风速度 3m/s 以上全面孔板，送风温差大于等于 3℃，出现平行流，适于超静音空调要求。小风速、送风均匀、速度衰减快、舒适度高。

050133 射流喷口安装

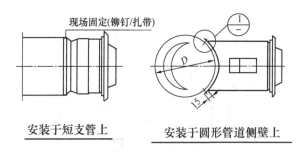

安装于短支管上　　　　　安装于圆形管道侧壁上

工艺说明：风口与风管的连接应严密、牢固，与装饰面相紧贴。表面平整、不变形，调节灵活、可靠。同一厅室、房间内的相同风口的安装高度应一致，排列应整齐。

050134　旋流风口安装

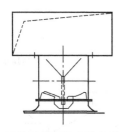
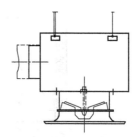

与风量调节阀的安装方式之一　　与静压箱的安装方式之一

　　　工艺说明：风口的活动零件，要求动作自如、阻尼均匀，无卡死和松动。导流片可调或可拆卸的产品，要求调节拆卸方便、可靠，定位后无松动现象。风口外表装饰面应平整、叶片分布应匀称、颜色应一致、无明显的划伤和压痕。

050135 方形风口安装

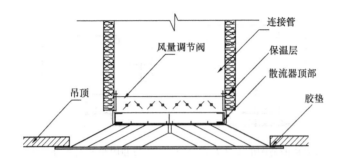

风量调节阀　连接管　保温层　散流器顶部　胶垫　吊顶

工艺说明：风口的外表装饰面平整、叶片或扩散环的分布匀称、颜色一致、无明显的划伤和压痕；调节装置转动灵活、可靠，定位后无明显自由松动。

050136　条形风口安装

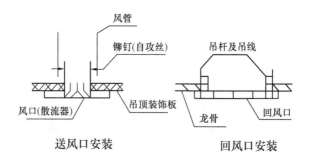

送风口安装　　　　　　　　回风口安装

　　　工艺说明：带风量调节阀的风口安装时，应先安装调节阀框，后安装风口的叶片框。同一方向的风口，其调节装置应设在同一侧。风口安装时，应注意风口预留孔洞要比喉口尺寸大，留出扩散板的安装位置。

050137　条形风口安装

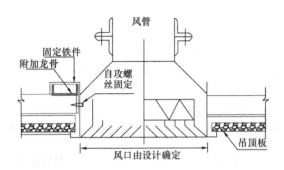

固定铁件
附加龙骨
自攻螺丝固定
风管
吊顶板
风口由设计确定

工艺说明：安装风口前要仔细对风口进行检查，看风口有无损坏、表面有无划痕等缺陷。风口安装后应对风口活动件再次进行检查。在安装风口时，注意风口与房间内线条一致。为增强整体装饰效果，风口及散流器的安装采用内固定方法。成排风口安装时要用水平尺、卷尺等保证水平度及位置。

050138　百叶风口安装

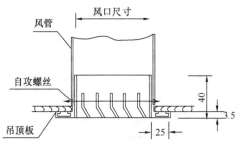

工艺说明：吊顶时不可将风口直接安装在水平风管上，应设短接头。风口的外表装饰应平直、叶片或扩散的分布匀称、颜色应一致、无明显的划伤和压痕；风口完成面要与墙面、吊顶齐平，不能有缝隙；注意固定螺丝的隐藏，不要安装在明露的地方；风口临窗出风方向应朝窗户方向；成排风口安装应排列整齐；条形风口拼接要对缝整齐；风口内部衔接风管进行颜色处理，在风口下不看到风管金属光泽。

050139　方形散流器安装

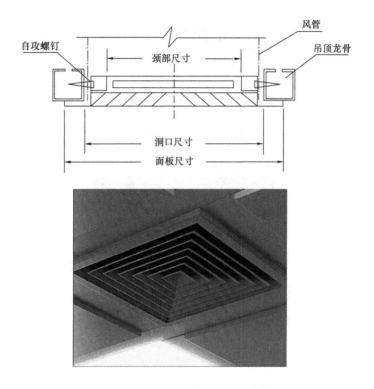

自攻螺钉　　风管　　吊顶龙骨　　颈部尺寸　　洞口尺寸　　面板尺寸

　　工艺说明：安装风口前要仔细对风口进行检查，看风口有无损坏、表面有无划痕等缺陷。风口安装后应对风口活动件再次进行检查。在安装风口时，注意风口与房间内线条一致。为增强整体装饰效果，风口及散流器的安装采用内固定方法。成排风口安装时要用水平尺、卷尺等保证水平度及位置。

050140　球形风口安装

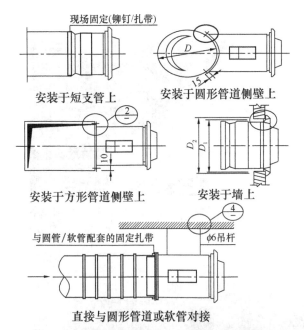

现场固定(铆钉/扎带)

安装于短支管上　　　　安装于圆形管道侧壁上

安装于方形管道侧壁上　　　安装于墙上

与圆管/软管配套的固定扎带　　φ6吊杆

直接与圆形管道或软管对接

饮水处
Drinking water

工艺说明：球形风口内外球面间的配合应松紧适度，
转动自如，风量调节片应能有效地调节风量。

050141　金属风管玻璃棉板保温

工艺说明：

(1) 缠玻璃丝布，玻璃丝布的幅宽应为300～500mm，缠绕时应使其互相搭接一半，使保温材料外表形成两层玻璃丝布缠绕。

(2) 粘铝箔胶带，玻璃棉板的拼缝要用铝箔胶带封严。胶带宽度平拼缝处为50mm，风管转角处为80mm。粘胶带时要用力均匀适度。

050142　金属风管橡塑保温

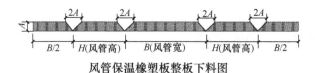

风管保温橡塑板整板下料图

橡塑板整板下料

直角弯头风管橡塑保温

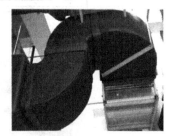

乙字弯风管橡塑保温

工艺说明：

（1）绝热层必须密实平整，不得有空隙，部件绝热不得影响其操作功能。绝热材料纵向接缝不宜设在风管或设备的底面。

（2）带防潮层的绝热材料，拼缝应用胶带封严，胶带的宽度不小于50mm，胶带应牢固地粘贴在防潮层上，不得胀裂和脱落。

第六章 恒温恒湿空调系统

060101 电加热器安装

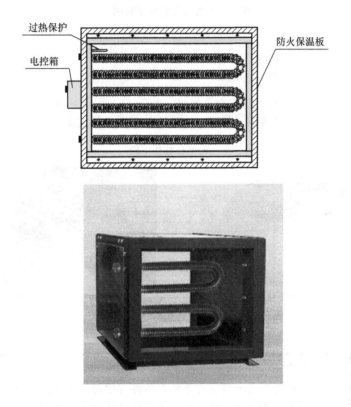

过热保护

电控箱

防火保温板

工艺说明：电加热器接线柱外露时，加装安全防护罩。电加热器外壳应接地良好。连接电加热器的风管法兰垫料采用耐热、不燃材料。

060102　精密空调安装

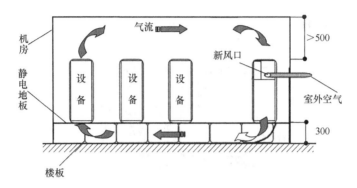

> 工艺说明：设备安装前，油封、气封良好，且无腐蚀。隔振安装位置和数量正确，各个隔振器的压缩量均匀一致，偏差不大于2mm。机组与水管道连接时，设置隔振软接头，其耐压值大于或等于设计工作压力的1.5倍。

第七章　净化空调系统

070101　洁净室高效过滤器安装

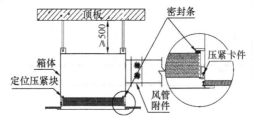

工艺说明：

(1) 安装前检查过滤框架或边口端面平直性，端面平整度的允许偏差不应大于1mm。

(2) 高效过滤器安装时，应保证气流方向与外框箭头标志方向一致，波纹板组装的高效过滤器在竖向安装时，波纹板必须垂直地面，不得反向。

(3) 过滤器与框架的密封，一般采用闭孔海绵橡胶板或氯丁橡胶板，也可用硅橡胶涂抹密封。

070102 技术夹层高效过滤器风口安装

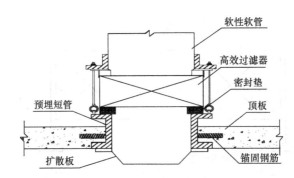

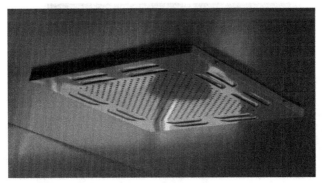

工艺说明：

（1）在技术夹层内安装高效过滤器，安装前应配合土建施工预埋短管。

（2）短管和吊顶板之间如有裂缝必须封堵好，风口表面涂层破损的不得安装。

（3）风口安装完毕应随即和风管连接好，开口端用塑料薄膜和胶带密封。

070103　高效过滤器密封

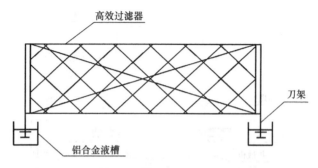

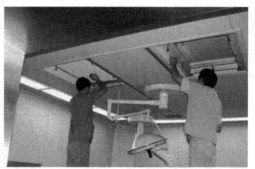

工艺说明：

（1）安装时将刀架式高效过滤器浸插在密封槽内。

（2）采用液槽密封时，液槽的液面高度应符合设计要求，一般为2/3槽深。

（3）密封液的熔点宜高于50℃，框架各连接处不得有渗漏现象。

070104　风机过滤器单元安装

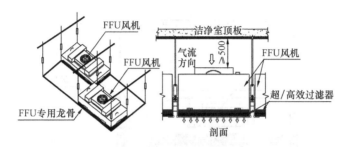

剖面

工艺说明：

（1）风机过滤单元的高效过滤器安装前应按规定检漏，合格后方可安装，方向必须正确。

（2）安装后的风机过滤器单元，应保持整体平整，吊顶衔接良好。

（3）机体安装后，机组上方至少须预留50cm以上的空间，以利于机体维修。

（4）风机过滤单元采用FFU专用龙骨及立柱吊装。

070105　层流罩安装

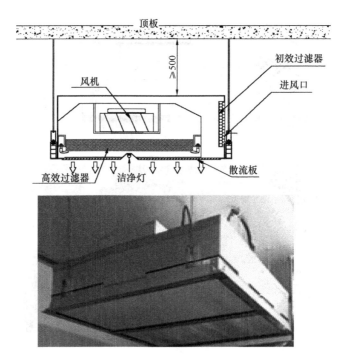

工艺说明:

(1) 层流罩在安装前,应进行外观检查,无变形、脱落、断裂等现象。

(2) 层流罩安装的水平偏差不得超过0.001,高度允许偏差为±1mm。

(3) 层流罩吊装采用独立的立柱或吊杆,并设有防晃动的固定措施。

070106　高效过滤器检漏

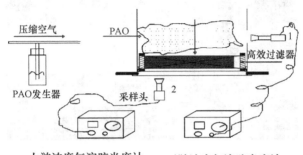

上游浓度气溶胶光度计　　　下游浓度气溶胶光度计

工艺说明：

（1）高效过滤器安装前应按规定检漏，检验高效过滤器的材料无破损。

（2）高效过滤器若有破损则应修补或更新，然后重新再测。

（3）边框若有泄漏，应重新安装、调整，直到无泄漏为止。

070107　洁净度测试

工艺说明:

(1) 对于新建的洁净室竣工验收,应进行空态或静态测定。

(2) 进入洁净室进行洁净度级别测定的人员不能超过3人,并防止将人身上各部位沾染和附着的灰尘带入洁净室,影响测定的准确性。

(3) 测定前首先按粒子计数器使用说明的技术参数调整至正常状态,按布置的测点和规定的采样量逐点进行采样测定。

(4) 每个采样点的最少采用时间为1min,采样量最少为2L。

第八章　地下人防通风系统

080101　风管穿人防密闭墙管道预埋

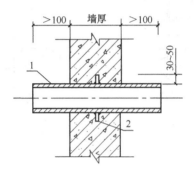

1—穿墙通风管；2—密闭翼环(2~3mm厚钢板)

工艺说明：预埋风管长度超出防护密闭墙两侧各大于100mm，便于后续风管连接施工，预埋风管管径与所连接风管直径一致，预埋风管应与密闭翼环满焊并固定牢固，随土建施工一起捣浇在墙内。

080102　风管穿密闭墙做法

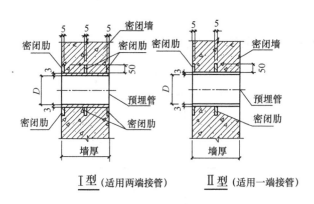

Ⅰ型 (适用两端接管)　　　Ⅱ型 (适用一端接管)

工艺说明：密闭肋宽≥50mm，板材厚≥3mm；预埋管件应先除锈，并在内刷红丹防锈漆两道，应随土建施工一起捣筑在墙内，不应后开洞；预埋管件管径应与所连接的管道或密闭阀门、超压自动排气活门的接管管径一致。

080103 风管穿防火墙做法

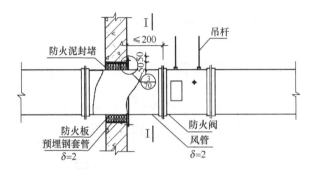

工艺说明：风管穿过防火墙时，应设置壁厚不小于1.6mm的钢制预埋套管或防护套管，风管与保护套之间应采用不燃且对人体无害的柔性材料封堵。

080104 管道穿临空墙密闭墙做法

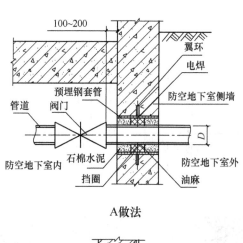

A做法

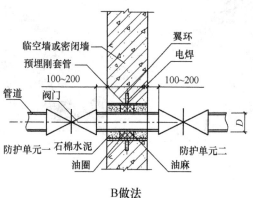

B做法

工艺说明：当穿入防空地下室的管道管径≤150mm时，阀门距墙100～200mm；管径＞150mm时，阀门距墙≥200mm。

080105　密闭阀门安装

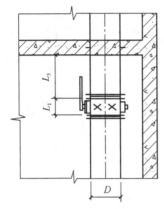

型　号	L_5	
	手电动	手动
DN200	350	322
DN300	350	309
DN400	350	350
DN500	350	350
DN600	400	350
DN800	400	350
DN1000	400	400

工艺说明：阀门可以安装在水平或垂直管道上，使用时要求阀门全启或全闭不能作调节流量用。阀门安装时，应保证标志压力通径的箭头与受冲击波的方向一致，并应便于阀门手柄的操作。

080106　自动排气活门安装

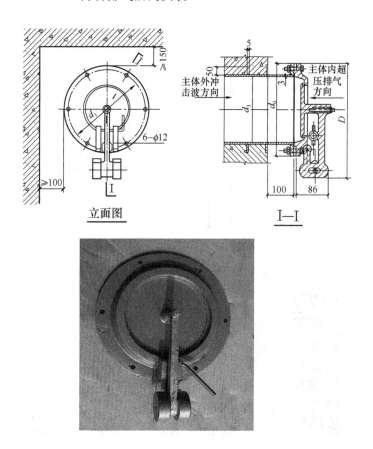

立面图　　　　　　　　I—I

工艺说明：预埋短管应根据墙厚而定，管内径与活门通风口径 d_3 应一致，满焊密闭肋，不得渗漏；预埋前应除去锈疤，刷红丹防锈漆两道；预埋时必须保证法兰平面与地面垂直，同时应保证自动排气活门的重锤位于最低处；活门安装时应清除密封面杂物，并衬以 5mm 厚橡胶垫圈，螺栓均应旋紧，防止渗漏。

080107 防爆超压排气活门安装

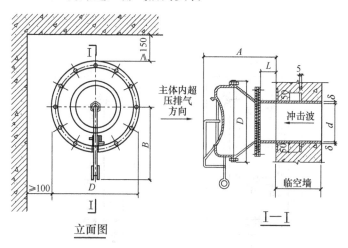

工艺说明：活门开启方向必须朝向排风方向；两个活门垂直安装时，两中心垂直距离应大于等于600mm；穿墙法兰和轴线视线上的杠杆必须铅直；活门在设计超压下能自动启闭，关闭后阀盘与密封圈贴合严密。

080108　悬板式防爆波活门安装

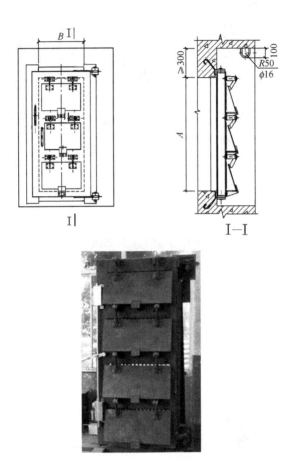

工艺说明：底座与胶板粘贴应牢靠、平整，其剥离强度不应小于0.5MPa；悬板关闭后，底座胶垫贴合应严密；悬板应启闭灵活，能自动开启到限位座；闭锁定位机构应灵活可靠。

080109 超压自动排气活门

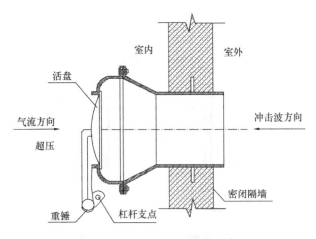

工艺说明：预埋短管应焊好密闭肋，不得渗漏；管道与密闭肋、短管与渐缩管需满焊，活门安装时，阀门渐扩管的法兰平面应保持垂直，阀门的杠杆应保持垂直；法兰上下两个螺孔中心连线保持垂直，保证所有螺栓均匀旋紧。

080110 滤毒室换气堵头安装

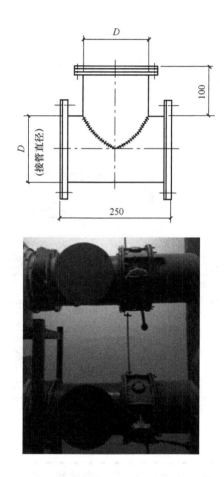

工艺说明：接管法兰必须互相平行或垂直；接管法兰
所有尺寸应与所接管路或手动密闭阀门的法兰尺寸相一致。

080111　油网滤尘器加固

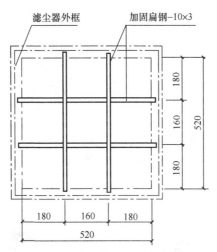

工艺说明：滤尘器应按要求进行加固，在安装前，在背风面用扁钢10×3做井字形加固，要求扁钢点焊在过滤器外框上。

080112 管式油网过滤器安装

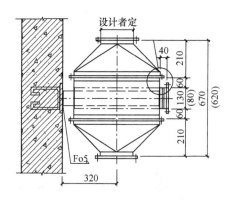

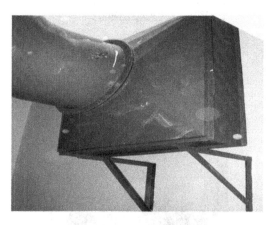

工艺说明：滤尘器安装要求平整，管道间、管道与法兰间均采用连续焊缝焊接，要求严密不漏风。滤尘器前后应设压差测量管，安装时将孔大的网层置于空气进入端。

080113　过滤器安装

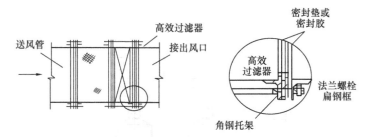

高效过滤器安装在系统风管上

工艺说明：

（1）安装高效过滤器时，外框上箭头应和气流方向一致。当其垂直安装时，滤纸折痕缝应垂直于地面。高效过滤器和框架之间的一般采用密封垫，垫的厚度不宜超过8mm，压缩率为25%～30%。

（2）过滤器和静压箱连接上时，四周受力要均匀。待24h后，玻璃胶干了再运行净化系统。

080114 过滤吸收器安装

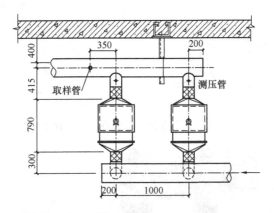

工艺说明：吸收器安装完毕后，进出风支管上设置管径 DN15（热镀锌钢管）的测压管，其末端设置球阀。过滤吸收器的总出风口处设置管径 DN15（热镀锌钢管）的尾气监测取样管，其末端设置截止阀。

080115　电动脚踏两用风机安装

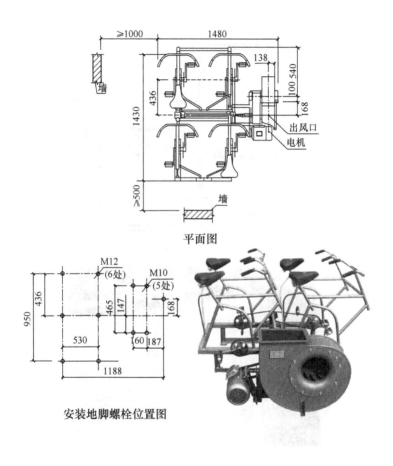

平面图

安装地脚螺栓位置图

工艺说明：电动脚踏风机叶片采用平板型后倾斜式；风机及支架可以拆卸，选用时门框不必放大；风机有左90°和右90°两种；风机机座的固定也可采用预埋钢板。

080116 人防通风竖井

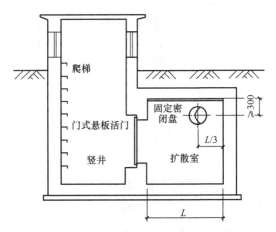

图中标注：爬梯、门式悬板活门、竖井、固定密闭盘、扩散室、≥300、L/3、L

工艺说明：人防通风竖井一般设计高出室外地坪，不超过2m，一般用盖板封住或者是做成通风百叶，竖井内应设置爬梯。

第九章　真空吸尘系统

090101　中央真空吸尘系统

> 　　工艺说明：主要部件有真空泵、集尘袋、软管及各种形状不同的嘴管。机器内部电动抽风机通电后高速运转，使吸尘器内部形成瞬间真空，尘埃和脏东西随着气流进入吸尘器桶体内，再经过集尘袋的过滤，净化的空气经过电动机重新逸入室内。

第十章 冷凝水系统

100101　PVC管道粘接施工

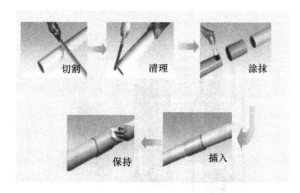

切割　　清理　　涂抹

保持　　插入

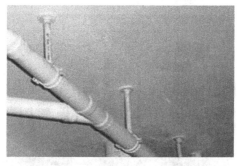

工艺说明：

（1）管材断面应平整、垂直管轴线并进行倒角处理，粘结前应画好插入标线并进行试插。

（2）抹粘接剂时，应先涂抹PVC管件承口内侧，后涂抹插口外侧，涂抹承口时应顺轴向由里向外。在粘接剂固化时间内不得受力或强行加载。

100102 风机盘管冷凝水管安装

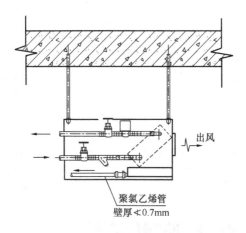

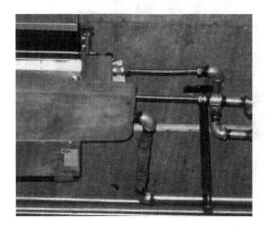

工艺说明：凝结水管坡度不小于1%，坡向出水口，管材可选用聚氯乙烯管或热镀锌钢管。

100103 空气处理机组冷凝水管安装

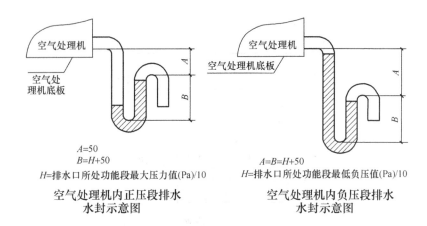

A=50
B=H+50
H=排水口所处功能段最大压力值(Pa)/10

**空气处理机内正压段排水
水封示意图**

A=B=H+50
H=排水口所处功能段最低负压值(Pa)/10

**空气处理机内负压段排水
水封示意图**

工艺说明：空气处理机组的冷凝水管必须安装水封，U形弯设计和安置是否正确合理是保证冷凝水正常排放的关键。

第十一章 空调(冷、热)水系统

110101 穿楼板管道预留孔洞

工艺说明：套管外壁应清理干净并涂刷脱模剂，套管规格应符合设计规范要求，预留洞位置、规格尺寸应正确，洞口应光滑完整无破损。

110102　穿墙柔性防水套管预埋

工艺说明：套管内外侧刷防锈漆，预埋位置正确，应固定牢固，采用附加筋绑扎在结构主筋上，套管不得与主筋焊接。

110103 管道、型钢机械除锈

工艺说明：采用角向磨光机，工具轻巧、机动性大，能较彻底去除锈、旧涂层等，能对涂层进行打毛处理，效率比手工除锈大大提高。

110104 管道防腐底漆刷油

工艺说明：手工涂刷应分层涂刷，每层往复进行，纵横交错，并保持涂层均匀，不得漏涂或流坠，涂刷时将管道端头预留出焊口位置。

110105 管道防腐施工

工艺说明：

1. 碳钢管道进场后，彻底除锈直至见金属色，均匀涂刷防锈漆，管道两端各留 200mm 不刷漆。

2. 管道安装完成后，补刷底漆后涂刷面漆。施工过程中注意成品保护，避免油漆滴落于其他设备、地面上。

3. 漆层在干燥过程中应防止冻结、撞击、震动和温度剧烈变化。

110106　管道螺纹连接

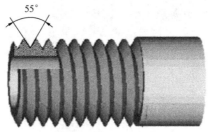

工艺说明：加工螺纹前先检查套螺纹板牙的质量，如果发现套螺纹板牙有质量缺陷，应及时更换，不得使用质量不合格的套螺纹板牙加工管螺纹。管子切断时一般采用机械法，管口应切正且应无毛刺，管壁厚度应均匀，无裂纹。

110107　管道螺纹连接

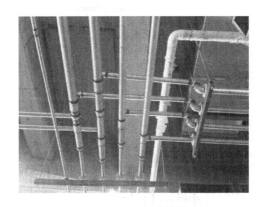

工艺说明：管道安装后管螺纹根部应有2～3扣的外露螺纹，螺纹处外露的麻丝等填料应及时清理干净，无残留，外露的螺纹应做好防腐处理，明装管道还应刷面漆。

110108 管道手工电弧焊连接

项次	厚度T (mm)	坡口名称	坡口形式	坡口尺寸			备注
				间隙 C(mm)	钝边 P(mm)	坡口角度 α^0	
1	1~3	I形坡口		0~1.5 单面焊	—	—	内壁错边量 ≤0.25T, 且≤2mm
	3~6			0~2.5 双面焊			
2	3~9	V形坡口		0~2.0	0~2.0	60~65	
	9~26			0~3.0	0~3.0	55~60	
3	2~30	T形坡口		0~2.0	—	—	—

工艺说明：焊缝应满焊，高度不应低于母材表面，并应与母材圆滑过渡，焊接后应立刻清除焊缝上的焊渣、氧化物等，焊缝外观质量应合格。

110109　管道焊接连接

工艺说明：

（1）焊接前将坡口表面及坡口内侧不小于10cm范围内的油漆、污垢、铁锈、毛刺等清除干净，不得有裂纹和夹层等缺陷。

（2）焊接起弧应在坡口内侧进行，严禁在管壁起弧。

（3）合金钢管道组焊时的临时支撑必须点在抱箍上。

（4）除焊接工艺有特殊要求外，每条焊道应一次连接焊完。

110110　不锈钢管卡压连接施工

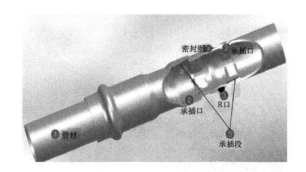

工艺说明：

（1）连接时两端管子必须在一条水平线上，方可进行卡压，卡压后管道连接处禁止径向移动。

（2）安装施工人员必须经过专业技术培训，合格后方可上岗施工。

（3）用专用管道切割器垂直切管，切割后去除管内外毛刺并整圆。

（4）采用橡胶圈，放入管件端部U形槽内，不得使用任何润滑剂。

（5）管子垂直插入卡压式管件中，不得歪斜。

110111　CO_2 气体保护半自动焊

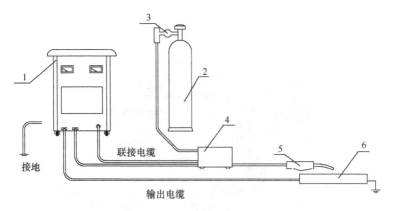

1—焊机；2—气瓶；3—减压阀；4—送丝装置；5—焊枪；6—焊接件

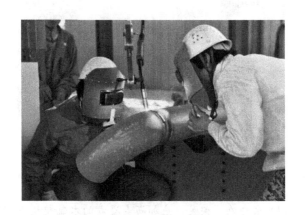

工艺说明：管径＞$DN200mm$ 无缝钢管焊接可采用 CO_2 保护焊，选用 $100\%CO_2$ 气体保护焊，熔深好，焊缝成形美观，便于单面焊双面成形。

110112 空调水管道安装

工艺说明:

(1) 管道在支架处,应加沥青浸煮的木制垫块或用氨酯成品支架,厚度与保温层厚度相同。

(2) 管道穿楼板或楼板时,应加设钢套管,套管与管道间应有足够的空隙。

(3) 管道安装完成后应进行外表防腐及管道内冲洗、镀膜。

110113　空调水埋地管道安装

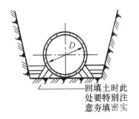

回填土时此
处要特别注
意夯填密实

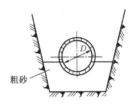

粗砂

工艺说明:

(1) 管道下沟前，先检查沟底标高、宽是否符合设计要求，检查管道保温层是否有损伤;

(2) 回填前应检查各接口部位保温是否完成，回填时靠近管道的回填土应细小均匀，回填结束后按要求夯实整平地面。

110114 空调水埋地管道基础施工

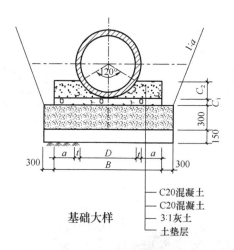

C20混凝土
C20混凝土
3:1灰土
土垫层

基础大样

工艺说明:

(1) 管道安装时注意管道接头部位避开管道支墩。

(2) 管道安装完成后,在按照管道基础图纸的位置、尺寸制作管道支墩。

110115 A3 型管道吊架根部

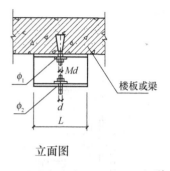

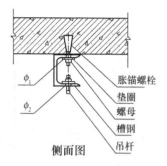

立面图

侧面图

A₃型

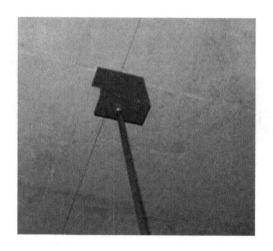

工艺说明：以 DN100 保温钢管为例，吊架间距为 3m，吊杆直径为 10mm，胀锚螺栓规格为 M12，槽钢规格为 [10，$L=100$mm，$\phi 1=14$mm，$\phi 2=12$mm。

110116 圆钢 U 形卡环安装

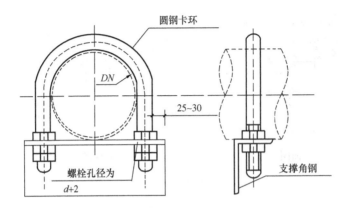

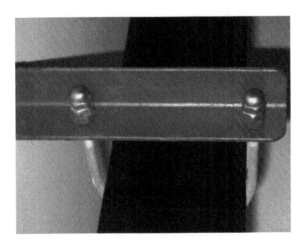

工艺说明：择与管径匹配的卡环，卡环安装固定螺栓孔应保证管道顺直且居卡环中间，卡环与管道应接触紧密。

110117 空调水吊架

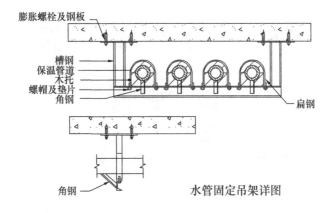

膨胀螺栓及钢板

槽钢
保温管道
木托
螺帽及垫片
角钢

扁钢

角钢

水管固定吊架详图

工艺说明：各种类型支吊架设置合理、安全可靠，支架形式朝向一致，采用型钢的拼角应采用45°拼接，管道与支吊架之间应有绝热衬垫且无缝隙，不得出现表面不均匀、不光亮、脱皮、起泡、漏涂等现象。

110118　管道吊架安装

工艺说明：

（1）支吊架的安装应平整、牢固，与管道接触紧密，与管道焊缝距离大于100mm；

（2）水平管道采用单杆吊架时，应在管道的起始点、阀门、弯头、三通部位及长度在15m内的直管段上设置防晃支吊架。

110119　管道综合支架安装

　　工艺说明：对成排管道安装施工图进行优化，根据管道的根数、位置、标高、走向，预留好管道的操作维护空间，确定综合支架的形式、尺寸和安装间距。根据管道综合布置的层次确定各功能管道的先后施工顺序，先上后下，先内侧后外侧。

110120 C型钢综合支架

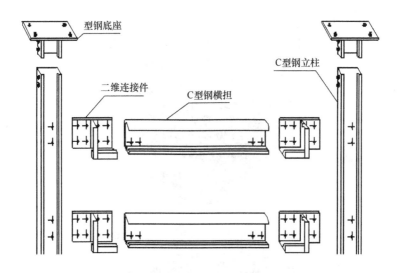

工艺说明：根据支架承载管线的数量、规格、自重、介质、动静荷载效应等计算，确定支架的规格和形式，委托厂家根据确定规格和形式进行加工。

110121　管道穿楼板固定支架

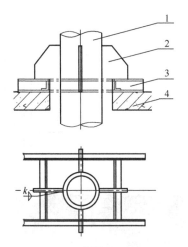

穿楼板管道固定支架示意
1—管道; 2—支架翼板; 3—槽钢; 4—楼板

> **工艺说明**: 管道穿楼板落地支架由落地槽钢及管道侧翼组成, 安装时侧翼要双面满焊, 在管道两个或四个方向(视管道大小而定)垂直设置, 并考虑管道保温情况。

110122　空调水管道聚氨酯绝热管道吊架安装

 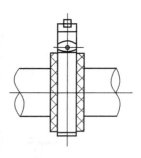

工艺说明：承受管道垂直荷载，用于吊装水平管道，借助于吊杆摆动，可适应管道在径向和轴向的移动。

110123 空调水管道聚氨酯绝热管夹安装

工艺说明：水平管道保冷隔热支座，采用非圆截面平底保冷块，可直接放在钢梁上，用U形管卡固定，简化了托座结构，使管与管之间的布局更紧凑，提高了空间的利用率。

155

110124　空调水管道聚氨酯绝热滑动支管座安装

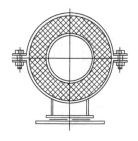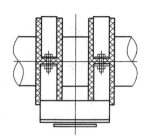

工艺说明：在水平管道底面设置低阻力摩擦副，降低管道热胀冷缩时的移动阻力，可减轻管道对建筑结构的推力，滑动副底板的尺寸应大于支托尺寸和滑动量之和。

110125 空调水立管聚氨酯绝热托座

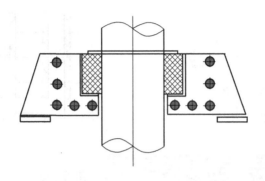

工艺说明：绝热托座搁置在平台或地面上，承受管道
垂直荷载，承力环材质与被支撑的管道相同。

110126　空调水管道聚氨酯绝热导向管座安装

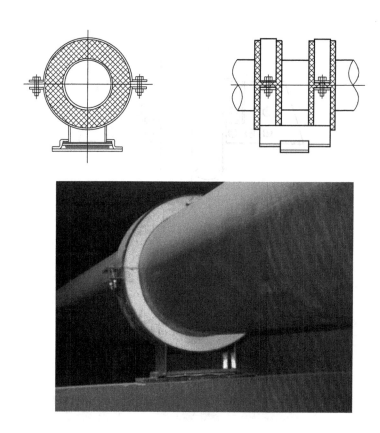

> 工艺说明：设有补偿器的管道，应在被补偿管道上设置导向支座，引导管道仅沿轴向滑动，保证工作管与补偿器同心，预防因工作管偏心而损坏补偿器。

110127 空调水管道聚氨酯绝热固定管座安装

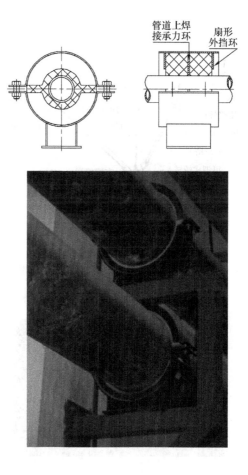

工艺说明：管道上须焊接承力环，焊角不能影响绝热块安装，在钢制管夹上焊有承力扇，管道的轴向力经过承力环传到保冷块，再传递到管夹座的承力扇上，最终传递到建筑结构上，实现既轴向承载又切断"冷桥"。

110128　空调水单管抗震支撑安装

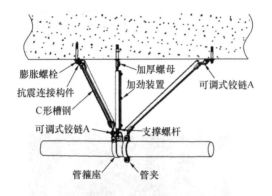

膨胀螺栓
加厚螺母
抗震连接构件
加劲装置
可调式铰链A
C形槽钢
可调式铰链A
支撑螺杆
管箍座
管夹

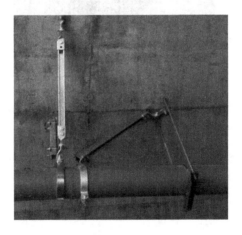

工艺说明：制冷机房、热交换站内的管道应有可靠的侧向和纵向抗震支撑。

110129　空调水多管抗震支撑安装

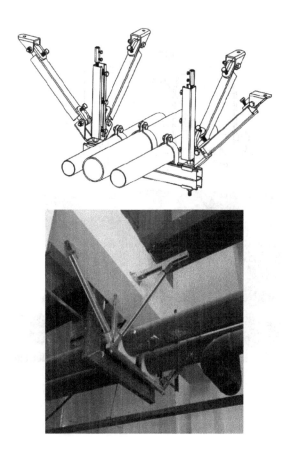

工艺说明：多根管道共用支吊架或管径大于等于300mm 的单根管道支吊架，宜采用门型抗震支吊架。

110130　空调水管木托安装

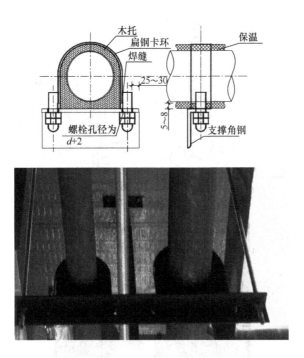

工艺说明：管道垫木保温木托的安装，起到了隔离管道与结构梁防止热量，冷量的流失，同时起到减振，缓冲热膨胀的作用。

110131 管道弹性托架安装

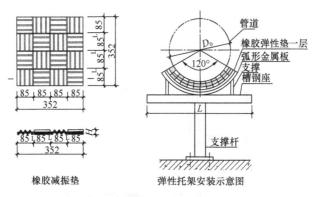

橡胶减振垫   弹性托架安装示意图

工艺说明：管道弹性托架减振器由弧形凹凸弹性橡胶垫与弧形金属板局部粘贴而成，通常用于机械设备的管道隔振安装中。

110132 水平管道方形补偿器安装

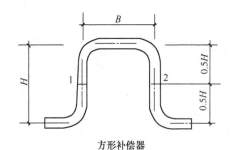

方形补偿器

H—长臂；B—平行臂
1—公称直径 D_g<200mm 垂直焊缝；
2—公称直径 D_g≥200mm 45°焊缝

工艺说明：当补偿器需要接管时，其焊缝应在受力最小的垂直臂中间处，当管径较大不便于煨制时，可采用不小于2.5倍弯曲半径的压制弯头焊制。

110133 波纹补偿器安装

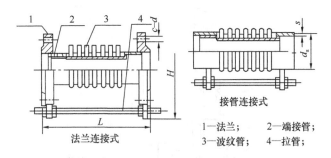

法兰连接式

接管连接式

1—法兰; 2—端接管;
3—波纹管; 4—拉管;

> 工艺说明:安装时要检查内套筒子的方向与介质流动方向是否一致,严禁使用波纹补偿器变形的方法来调整管道的安装超差,焊接安装时不要让焊渣飞溅或是遗留到波壳表面。

110134　闸阀安装

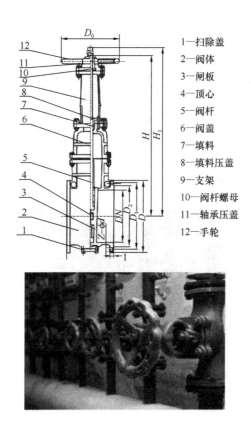

1—扫除盖
2—阀体
3—闸板
4—顶心
5—阀杆
6—阀盖
7—填料
8—填料压盖
9—支架
10—阀杆螺母
11—轴承压盖
12—手轮

　　工艺说明：阀门应布置在容易接近、便于操作、维修的地方。阀门安装应注意阀体上的标志，箭头指向即是管内物质流向。安装时阀门处于关闭状态，拧紧压紧螺钉时，阀门处于微开状态。

110135 蝶阀安装

 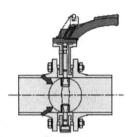

工艺说明:

(1) 阀门应布置在容易接近、便于操作、维修的地方。

(2) 在操作平台周围的阀门的手轮中心距离操作平台边缘不宜大于450,手轮操作平台的不得影响操作人员操作和通行。

(3) 阀门安装得注意阀体上的标志,箭头指向即是管内物质流向。

(4) 安装前应将密封面彻底擦干净,空试阀门启闭应灵活,启闭位置与指针指示位置相符合。

(5) 紧固螺栓时应对称交替进行,不准轻易调整限位螺钉。

110136　泵房综合排布

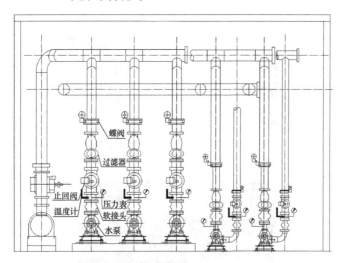

蝶阀

过滤器

止回阀

温度计

压力表

软接头

水泵

工艺说明：设备基础的中心线或外边沿、设备中心线或边沿、立管中心线、支架、仪表、阀门操作手柄等标高、朝向一致。

110137 立式水泵安装

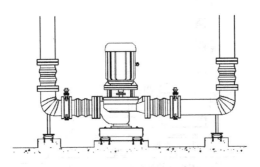

工艺说明:

(1) 水泵安装底座下要放置减振底座或是减振器。

(2) 水泵安装应保持水平,水泵底座下固定螺栓要加弹簧垫。

(3) 水泵和管道对接应在自由状态下进行,不得承受额外压力。

(4) 安装水泵前仔细检查泵流道内有无影响水泵运行的硬质物。

(5) 安装后拨动泵轴、叶轮无摩擦或卡死现象。

110138 卧式水泵安装

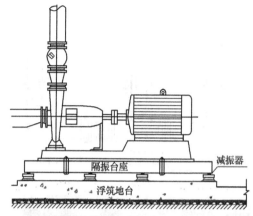

工艺说明：

(1) 水泵安装底座下要放置减振底座或是减振器。

(2) 水泵安装应保持水平，水泵底座下固定螺栓要加弹簧垫。

(3) 水泵和管道对接应在自由状态下进行，不得承受额外压力。

(4) 安装水泵前仔细检查泵流道内有无影响水泵运行的硬质物。

(5) 安装后拨动泵轴、叶轮无摩擦或卡死现象。

110139 压力表安装

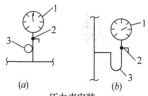

压力表安装
(a)水平管道；(b)垂直管道
1—压力表；2—旋塞阀；3—表弯

工艺说明：

(1)压力表应安装在便于观察、易于冲洗的位置，应避免震动和高温烘烤。

(2)压力表安装应平衡、稳固，压力表本身应垂直于水平面安装。

(3)压力表应连接存水管（表弯）并在表弯与压力表之间安装三通旋塞阀。

110140 温度计安装

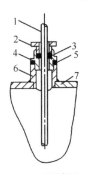

活动紧固
装置安装形式

1—测温元件；2—紧固螺母；3—石棉绳；4—紧固座；5—密封垫片；6—插座；7—管道或设备外壁

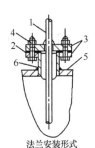

法兰安装形式

1—测温元件；2—密封垫片；3—法兰；4—固定螺栓；5—管道或设备外壁；6—短管

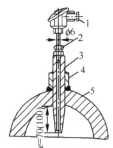

焊接套管短插的安装方式

1—铠装热电偶；2—可动卡套接头；3—保护套管；4—固定座；5—主蒸汽管

工艺说明：

（1）温度计不能接触容器边缘。

（2）与工艺管道垂直安装时，取原部件中心线应与工艺管道轴线垂直相交。

（3）温度计在保管、使用安装及运输中应避免碰撞。

（4）温度计应安装在便于观察的位置，应避免震动。

110141　压力试验

工艺说明:

(1) 管道安装完毕,外观检查合格,方可进行压力试验。

(2) 试验前向系统充水,应将系统空气排尽。

(3) 压力表不少于两块,其中一块应安装在管道系统的最低点,加压泵宜设在压力表附近。

(4) 压力试验前应对管道进行加固,拆除或隔离不参与试验的各附件。

(5) 试验过程中发现泄漏时,不得带压处理,应降压修复,待缺陷消除后,应重新试验。

(6) 寒冷地区冬季进行试验时,应采取有效的防冻措施,试验完毕后应及时泄水。

110142　管道保温胶水使用

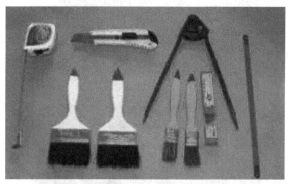

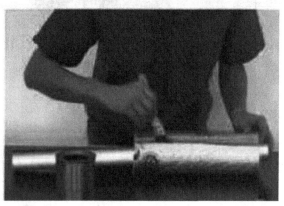

　　工艺说明：在需要粘接的材料表面涂刷胶水时应该保证薄而均匀，待胶水干化到以手触摸不粘手为最好粘结效果。胶水自然干化时间为3～8min，时间的长短取决于施工环境的温度和相对湿度，胶水的使用环境温度为5～70℃。

110143　变径管保温

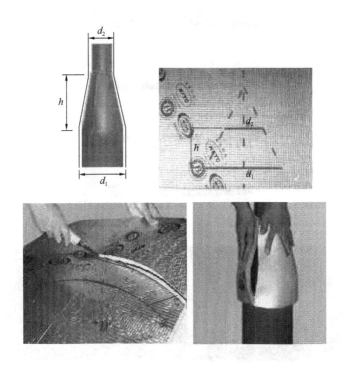

工艺说明：量出变径管两头的管径并加上两倍板材厚度，得到最大、最小直径及渐缩部分的高度，将量得的尺寸标在板材上，作图切割，安装时用胶水粘和切面，并与两端直管粘牢。

110144 直角弯头保温

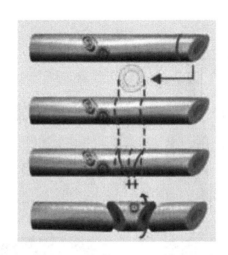

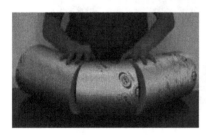

工艺说明：在管材上切下一小段，用来做管材的直径标准，在两个圆切面的中间做一个圆切面，沿切线切下三段 22.5° 的圆缺，将中间的圆缺旋转 180° 形成一个弯道，然后将这三段粘接起来。

110145　T形结构管道保温

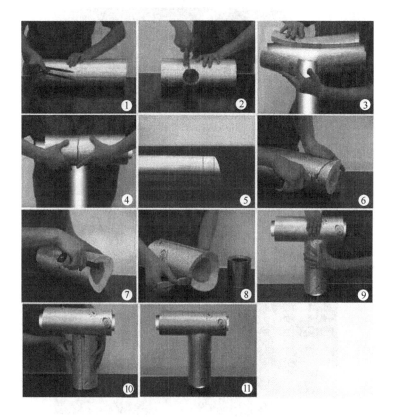

　　　工艺说明：管材开一个与安装管相同直径的孔，形成一个T形接点，在孔上开缝便于安装；将管材安装在T形管的直管上，在开口缝处涂上胶水，粘合；另取一段与侧管直径一致的管材，在离管断口 R 处划一切线（R 为管材半径）；在切线与断口之间做一 U 形切面；修剪切面；在切面及开口缝上涂上胶水；胶水干化后，将管材套在侧管上，与直管粘接起来；由两端向中间粘合，至封合。

110146 管道保温施工

工艺说明:

(1) 保温层应紧密的贴实在管道上,不允许露出管道,保温层松动等现象。

(2) 玻璃布缠绕时,要求搭接整齐、紧密、外观美观,避免粗细不均。

(3) 夏天施工时,不要把保温材料拉得太紧,避免破坏表面效果。

110147　管道保温

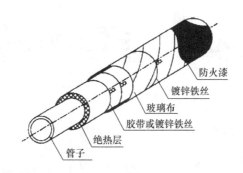

防火漆
镀锌铁丝
玻璃布
胶带或镀锌铁丝
绝热层
管子

　　工艺说明： 必须按照施工技术交底进行施工，加强质量意识，严格按照施工工艺及质量标准进行施工。保温材料施工时应拼缝严密，有孔洞处要用碎料填塞密实。保温用管壳的接缝应放在管侧面，不应放在顶部或下部。

110148　管道橡塑保温

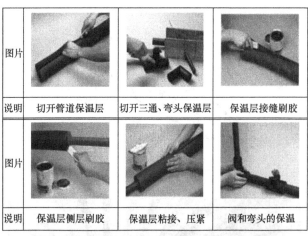

图片			
说明	切开管道保温层	切开三通、弯头保温层	保温层接缝刷胶
图片			
说明	保温层侧层刷胶	保温层粘接、压紧	阀和弯头的保温

工艺说明：采用划开套接法，用切割刀划开管面或用预先开槽的管材，切开后安装在管道上，在两割面涂上胶水，用手指测试胶水是否干化，当手指接触涂胶面时无粘手现象，封管时压紧粘接口两端，从两端向中间封合。

110149　阀门保温

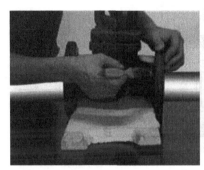

工艺说明：可按由里到外，填平再包的步骤进行，先用板材包裹阀体并填平间隙，再对两端法兰进行保温，然后对阀门盖到阀门体之间进行保温，最后用封条将各接口处粘接好。

110150　阀门保温金属保护壳

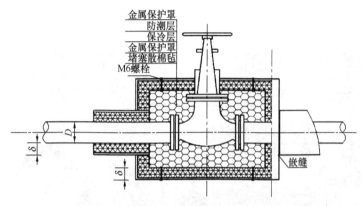

金属保护罩
防潮层
保冷层
金属保护罩
堵塞散棉毡
M6螺栓

D

δ

δ

嵌缝

工艺说明：管道阀门、过滤器及法兰部位的绝热结构应能单独拆卸。绝热产品的材质和规格，应符合设计要求，管壳的粘贴应牢固、铺设应平整；绑扎应紧密，无滑动、松弛与断裂现象。

110151 管道保温保护壳施工

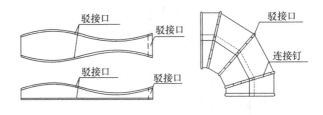

工艺说明：

(1) 保护层施工过程中要注意保温层的成品保护，避免损坏保温层，保护层固定牢固，外观齐整。

(2) 过滤器外保护层应设置成容易拆装的部件。

110152 管道绝热层金属保护壳安装

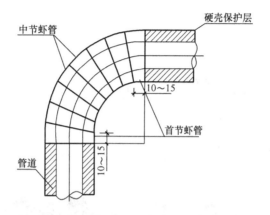

工艺说明：

（1）金属保护壳应紧贴绝热层，不得有脱壳、褶皱、强行接口等现象。接口的搭接应顺水，并有凸筋加强，搭接尺寸为 20～25mm。采用自攻螺丝固定时，螺钉间距应匀称，并不得刺破防潮层。

（2）户外金属保护壳的纵、横向接缝，应顺水；其纵向接缝应位于管道的侧面。金属保护壳与外墙面或屋顶的交接处应加设泛水。

110153 管道保温外衬铝板保护层

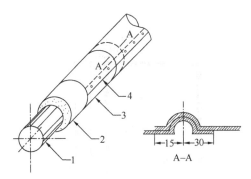

1—水管；2—保温层；3—保护层(搭接50mm)；4—铆钉(间距150mm)；

工艺说明：保护外壳应为易装拆，以便进行维护工作。铝板材料表面应平整、光滑、厚度均匀，板面不得有划痕、创伤、锈蚀等缺陷。

110154　阀门标识

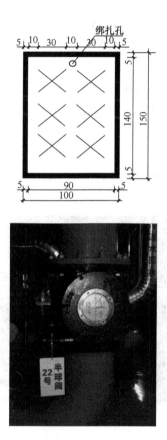

工艺说明：阀门标识应有名称和编号，字迹清晰，可采用背胶纸打印后粘贴在厚3～4mm的PVC板上，字体可采用宽30mm的红色黑体加粗。

110155　管道标识

工艺说明：管道标识应齐全，管道类别名称和介质流向箭头应清晰。水平管道轴线距地小于 1.5m 时，标识在管道正上方；在 1.5～2.0m 时，标识在正视侧面；大于 2.0m 时，标识在正下方或侧面。

第十二章　冷却水系统

120101 管道穿楼板套管安装

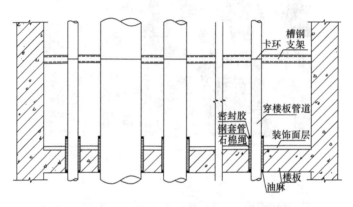

图中标注：
槽钢支架
卡环
穿楼板管道
密封胶
钢套管
石棉绳
装饰面层
楼板
油麻

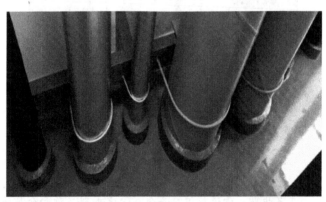

工艺说明：管道穿越楼板或墙体，应设套管，套管内填充密实，护口美观。

120102　管道穿无水楼板套管安装

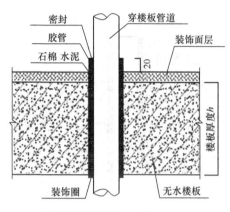

工艺说明：穿无水楼板管道套管顶部应高出装饰地面20mm，套管与管道之间缝隙应用阻燃密实材料和防水油膏填实，端面光滑。

120103 管道穿有水楼板套管安装

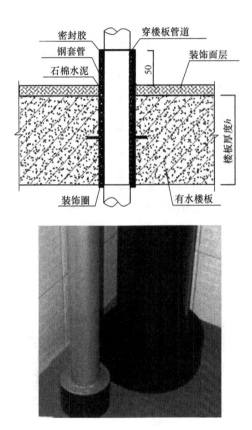

工艺说明：穿有水楼板管道套管顶部应高出装饰地面50mm，套管与管道之间缝隙应用阻燃密实材料和防水油膏填实，端面光滑。

120104 管道穿墙套管安装

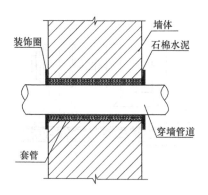

工艺说明：管道穿过墙壁，应设置钢套管，套管其两端与饰面相平，套管与管道之间缝隙宜用阻燃密实材料填实，且端面应光滑。

120105　卧式水泵安装

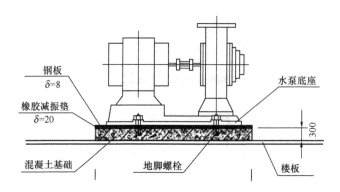

钢板
δ=8

橡胶减振垫
δ=20

水泵底座

混凝土基础　　地脚螺栓　　楼板

300

　　工艺说明：在水泵进出水管上应安装可曲挠橡胶接头或波纹管金属接头；管道支架宜采用弹性吊架、弹性托架。

120106　立式水泵安装

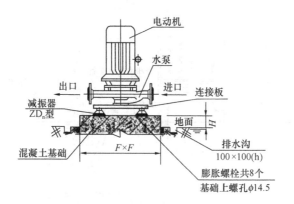

工艺说明：水泵就位时，水泵纵向中心轴线应与基础中心线重合对齐，并找平找正；水泵与减震板固定应牢靠，地脚螺栓应有防松动措施。

120107 冷却塔安装

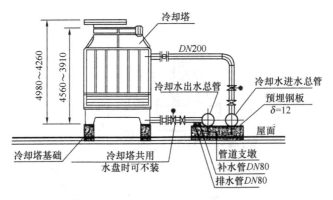

工艺说明：冷却塔的安装位置应符合设计要求，进风侧距建筑物应大于1000mm。冷却塔安装应水平，单台冷却塔安装的水平度和垂直度允许偏差均为2/1000。同一冷却水系统的多台冷却塔安装时，各台冷却塔的水面高度应一致，高差不应大于30mm。

第十三章 土壤源热泵换热系统

130101 土壤源热泵系统组成

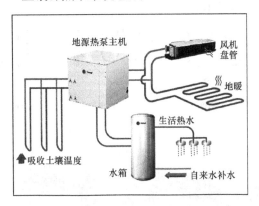

工艺说明：土壤源热泵属于地源热泵的一种类型，土壤源热泵供暖空调系统主要分为三部分，分别是室外换热系统、热泵主机系统和室内末端系统。

130102 垂直地埋管换热器

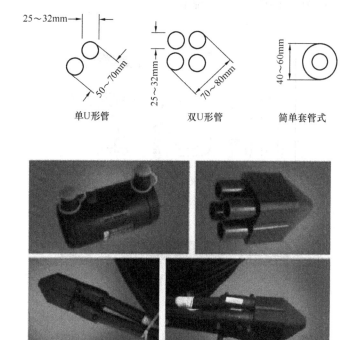

25～32mm

50～70mm

25～32mm

70～80mm

40～60mm

单U形管　　　　双U形管　　　　简单套管式

工艺说明：地埋管换热器是与大地进行冷热交换的装置，目前使用最多的形式是单Ｕ形管、双Ｕ形管、简单套管式。

130103 换热孔施工

工艺说明：施工前根据设计图纸要求间距现场布孔，钻机开钻前确保钻具斜拉以及支撑牢固、龙门架确保处于垂直，一般打孔深度比要求下管深度深1～3m。

130104 正循环回转钻井

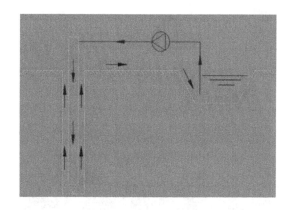

工艺说明：在钻机驱动钻具回转钻井的同时，利用泵将泥浆、水或空气从钻杆中心孔中压入孔底冲洗孔底，泥浆、水或空气携带切屑沿钻杆与孔壁之间的外环状空间上升，从孔口流向沉淀池。

130105　钻孔进程记录

钻井进程记录表

井位编号	开钻时间	成孔时间	地面试压开始/结束时间	压降量	下管开始/结束时间	下管深度	地下保压开始/结束时间	压降量

> **工艺说明：**钻井过程中，记录员应认真填写钻井记录表，记录启停钻的时间、钻井尺度，以及在钻井过程中出现的其他问题。

130106 换热管分离定位

工艺说明：为保证换热效果，下管前采用分离定位管卡将换热管进行分离定位，分离定位管卡的间距宜为2～4m，管卡现场组装，安装应牢固。

130107　换热管施工

工艺说明：试压合格后，将换热管下入换热孔内，下管时要求带压下管，管道下到设计要求深度后，应对管孔进行适量回填。

130108　反浆回填

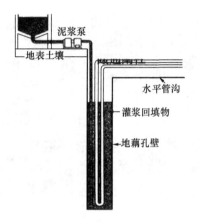

工艺说明：采用高压力的柱活塞泵，由钻孔底部注入填料向上反填，逐步排除空气，确保无回填空隙，提高了换热管的换热效果。

130109　原浆回填

工艺说明：进行下一个钻孔时，让循环泥浆流经上一个已下管的成孔内，泥浆循环过程中的沉淀物会沉淀在成孔内，表层不能填满部分采用回填料填密实。

130110　水平管道管沟开挖

工艺说明：管沟开挖前，应首先进行定位放线，管沟开挖的深度应符合设计要求，设计无要求时深度一般应保证水平埋管的深度在冻土层以下0.6m，且距地面不小于1.5m。

130111 水平干管连接

工艺说明：进行干管连接时，必须对应设计图纸再次核对所连接的管道尺寸；对敷设、连接间隔时间较长或每次工程收工时，管口部位应进行封闭保护，防止泥土、砂子等杂物进入管道内。

130112　水平支管连接

工艺说明：干管连接好后，开始连接支管，支管可采用电熔或热熔连接，将换热孔分支管引到干管三通处，按顺序逐个连接。孔内管道和干管之间尽量保证直接相接，不采用弯头，以减少阻力和漏点。

130113　管道底部回填

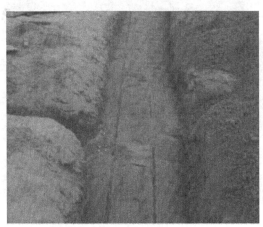

工艺说明：回填应在地埋管内充满水的情况下进行，应先填实管底，应使用人工回填，填土必须塞严、搞实，保持与管道紧密接触。

130114 管道顶部回填

工艺说明：回填土应分层夯实，每层厚度应为20～30cm，管道两侧及管顶0.5m以内的回填土必须人工夯实。当回填土超过管顶0.5m时，可使用小型机械夯实，每层松土厚度应为25～40cm，分层振捣密室后再填下一层。

130115　热泵主机安装

　　工艺说明：热泵主机的压缩机均应采取减震措施，在设备就位时，需要在设备自身的型钢底座下加设减震装置，设备安装应水平，所有与设备连接管道均采用软连接。

130116　软化水设备安装

工艺说明：软化水设备管道安装时，进出水方向应连接正确，根据水质及工艺要求，调整反冲洗时间，保持盐罐内的水位以及盐分。

130117　机房管道安装

工艺说明：机房内管道和阀部件安装，应横平竖直，阀门高度、手柄方向一致，单头螺栓固定头宜在法兰上侧。管道与设备连接应采用软接，管道支架应安装牢固。

130118　阀门安装

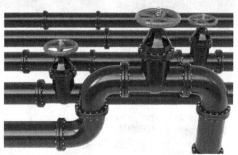

工艺说明：阀门到场后，必须经压力试验合格后方可进行安装，试验压力应为公称压力的1.5倍。阀门安装时和管道保持平齐，注意朝向，防止装反。安装完毕，应及时做好防护，防止损坏。

130119　管道保温

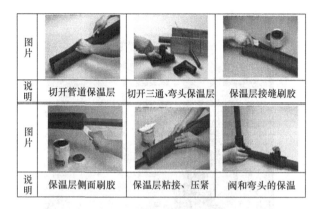

图片		
说明	切开管道保温层	切开三通、弯头保温层	保温层接缝刷胶
图片		
说明	保温层侧面刷胶	保温层粘接、压紧	阀和弯头的保温

工艺说明：保温前应将管道表面的杂物、灰尘、油污清理干净，管道外壁、管壳内部、保温材料接口、所有缝隙均要使用橡塑专用胶水粘结严密，保温层的纵向拼缝应置于管道上部。

130120　循环水泵安装

工艺说明：根据水泵重量以及设计要求，选用对应的减振装置，水泵应与设备基础固定牢固，水泵应调整水平。

第十四章 水源热泵换热系统

140101 水源热泵机组

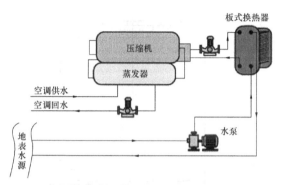

工艺说明：水源热泵机组可以利用的水体温度冬季为12~22℃，水体温度比环境空气温度高，热泵循环的蒸发温度提高，能效比提高。夏季水体温度为18~35℃，水体温度比环境空气温度低，制冷的冷凝温度降低，冷却效果好于风冷式和冷却塔式。

第十五章 蓄 能 系 统

150101 蓄冰罐安装

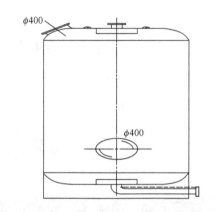

工艺说明：蓄冰设备的接管应满足设计要求，并应符合下列规定：（1）温度和压力传感器的安装位置处应预留检修空间；（2）盘管上方不应有主干管道、电缆、桥架、风管等。

第十六章 压缩式制冷（热）设备系统

160101 制冷机房综合排布

工艺说明：在设备、管线参数确定后，设备间机电工程施工前利用 CAD 和 BIM 软件对安装各专业完成深化设计。

160102 机房布置

工艺说明：设备机房应采取有效的有组织排水措施。有关设备周边设有排水沟，结合配套的排水设施，便于维护、运行时泄水的及时排放。机房内设备及管道整体布局合理、层次分明，排布规整；设备的位置、维修通道以及设备之间的距离满足操作及检修需要。

160103　水冷螺杆式压缩式制冷机组安装

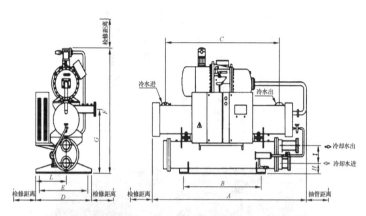

工艺说明：机组安装位置应符合设计要求，同规格设备成排就位时，尺寸应一致；减振装置的种类、规格、数量及安装位置应符合产品技术文件的要求；采用弹簧隔振器时，应设有防止机组运行时水平位移的定位装置；机组应水平，当采用垫铁调整机组水平度时，垫铁放置位置应正确、接触紧密，每组不超过3块。

160104 板式换热器安装

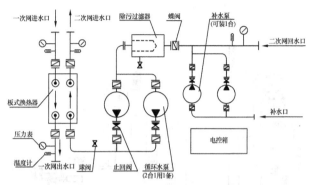

工艺说明:

(1) 安装板式换热器的位置周围要预留一定的检验场地。

(2) 安装前要对与其连接的管路进行清洗,以免杂物进入板式换热器,造成流道梗阻或损伤板片。

(3) 使用前检查所有夹紧螺栓是否有松动,如有应拧紧。

(4) 板式换热器凉快压紧板上有4个吊耳,供起吊时用,吊绳不得挂在接管,定位横梁或板片上。

160105　板式换热器安装

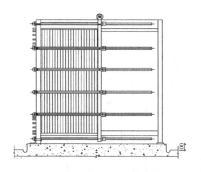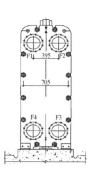

工艺说明：安装前应清理干净设备上的油污、灰尘等杂物，设备所有的孔塞或盖，在安装前不应拆除；应按施工图核对设备的管口方位、中心线和重心位置，确认无误后再就位；换热设备的两端应留有足够的清洗、维修空间。

160106 软化水装置安装

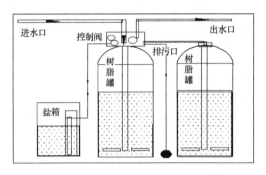

工艺说明：软化水装置的电控器上方或沿电控器开启方向应预留不小于600mm的检修空间；盐罐安装位置应靠近树脂罐，并应尽量缩短吸盐管的长度；过滤型的软化水装置应按设备上的水流方向标识安装，不应装反；非过滤型的软化水装置安装时可根据实际情况选择进出口。

160107　冰蓄冷蓄冰盘管安装

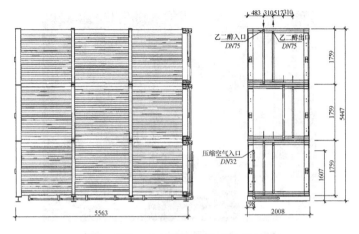

工艺说明：吊装前，清除蓄冰盘管内或封板上的水、冰及其他残渣。蓄冰盘管上方不应有主干管道、电缆、桥架、风管等。

160108 水箱制作安装

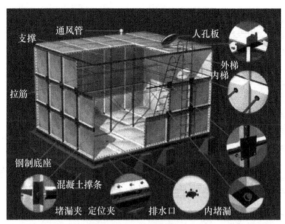

工艺说明:

(1) 现场施工时要充分考虑进出水口位置,采用高位进水低位出水,出水口要排布均匀。

(2) 溢流管、泄水管管口处增加防护网。

(3) 楼面工程,不论水箱大小都要放置承重梁上。

(4) 保温水箱落地安装,需做150mm高度以上的安装水平基础,基础不能出现积水现象,水箱周围应留安装维修空间。

160109　设备地脚螺栓防腐

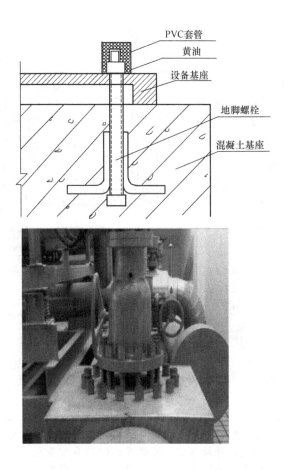

工艺说明：设备地脚螺栓外露部分可涂抹黄油，并套上相应规格的 PVC 套管，以防止螺栓在潮湿环境中锈蚀。

第十七章 吸收式制冷设备系统

170101 吸收式制冷机组安装

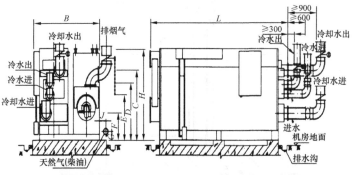

> **工艺说明：**分体机组运至施工现场后，应及时运入机房进行组装，并抽真空。吸收式机组的真空泵就位后，应找正、找平。抽气连接管宜采用直径与真空泵进口直径相同的金属管，采用橡胶管时，宜采用真空胶管，并对管接头处采取密封措施。吸收式制冷机组的屏蔽泵就位后，应找正、找平，其电线接头处应采取防水密封。吸收式机组安装后，应对设备内部进行清洗。

第十八章 多联机(热泵)空调系统

180101 多联机室外机安装

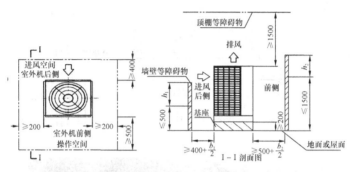

工艺说明：安装位置应符合室外机对安装环境的要求，且布置美观、整齐，室外机出风口与邻近门窗间距不宜小于6m；室外机在运输及吊装时，应注意保持机身的垂直，最大倾斜角不宜大于15°，且应轻起轻放；室外机应安装固定在专用基础上，并与基础结合紧密且必须安装减震垫。

180102　多联机室内机安装

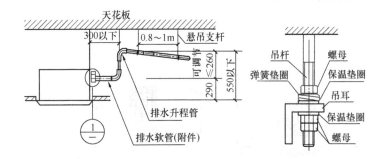

　　工艺说明：室内机吊装应使用四根吊杆，吊杆采用圆钢或者丝杆；吊耳下侧采用双螺母固定；室内机四周吊顶应保持水平，与室内机装饰面板接触面应平整，装饰面板安装完毕后与吊顶间不应有间隙。

第十九章　太阳能供暖空调系统

190101　集热器底座

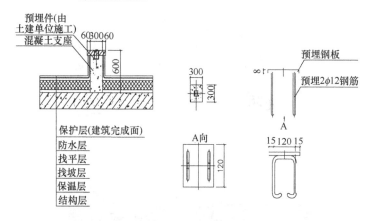

工艺说明：混凝土支座强度不低于C20，支座面预埋8mm厚钢板，基础上表面应在同一水平面上，误差不超过10mm。

190102　太阳能支架安装

工艺说明：太阳能支架应牢固、可靠，且与对应集热器的长度一致，支架的角度应一致，焊接或螺栓连接应牢固，与基础连接应可靠。

190103　太阳能集热器安装

工艺说明：真空管集热器通过尾座与支架固定，尾座卡在支架槽内。

190104　家用太阳能储热水箱安装

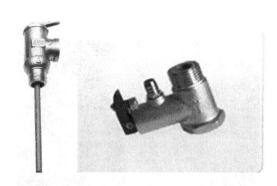

　　工艺说明：安装时调节水箱底部的支撑点，将水箱调平整。水箱顶部必须安装 TP 阀。而对于家用壁挂水箱（一般水箱容积不大于 100L），则必须在自来水进口安装泄压阀。

190105　不锈钢水箱安装

工艺说明：水箱内部必须进行横向和纵向加固，底部基础应牢固，底部型材铺设好后，需要在空余部分做好保温，保温采用高密度的阻火挤塑板。水箱焊口需酸洗钝化，支架焊接点应采用无毒的防腐材料进行防腐。水箱安装完成后应进行闭水试验。

190106 循环水泵安装

工艺说明：太阳能循环泵根据系统大小，可以采用立式管道泵或是微型管道泵，应根据产品说明书，采用合理的安装方式。

190107 换热设备安装

工艺说明：根据换热量选择合适的换热器，换热器安装应注意接口正确。

190108 太阳能循环管道安装

工艺说明：太阳能集热系统循环管道材质可根据系统情况而定，采用铜管或不锈钢管时，应在管道和支架之间垫橡胶板隔离。

190109　热管型集热器安装

工艺说明：热管型集热器在安装真空管时应先将真空管插入联箱内，再通过尾座卡子固定真空管，固定真空管需要用橡胶垫，避免划伤真空管。真空管集热器与联箱口需要有防尘圈。在安装真空管前，需要检查真空管是否漏气。

190110 集热器与管道连接

工艺说明：集热器联箱与管道及联箱之间的连接，应采用软接，可以硅胶管、高强度橡胶管、金属软管，根据工艺要求采用相应形式。

190111　太阳能系统保温

工艺说明：太阳能热水系统保温根据系统形式，真空管集热器、平板型集热器均可以采用 B1 级橡塑保温材料，而对于小热管型集热器以及大热管型集热器（直径 110mm 的热管型真空管通常称为大热管集热器），由于经常出现热媒温度高于 100℃，更有出现 200℃ 的高温，为了避免B1 级橡塑材料被老化，建议采用玻璃丝棉外加保护层或耐高温的 A 级橡塑保温材料。

第二十章　设备自控系统

200101　液体压力传感器安装

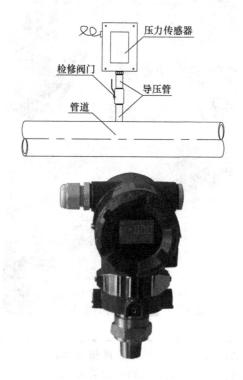

　　工艺说明：导压管应垂直安装在直管段上，不应安装在阀门等附件附近或水流死角、振动较大的位置；液体压力传感器的导压管不应安装在有气体积存的管道上部；导压管安装应与管道预制和安装同时进行。

200102　空气压差传感器安装

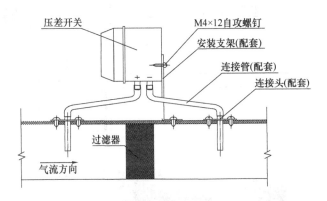

工艺说明：风管上安装的空气压力（压差）传感器时，应在风管绝热施工前开测压孔，测压点与风管连接处应采取密封措施。空气压力传感器需按图示方向安装，水平放置或倒置会导致误差。

200103 风管型温湿度传感器安装

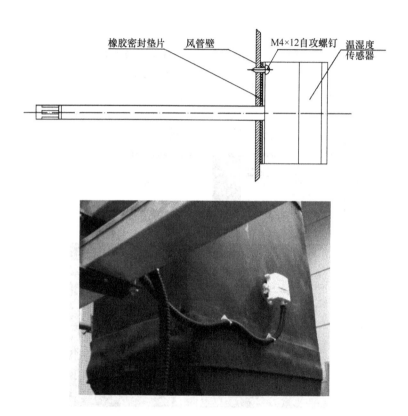

工艺说明：直接安装时，传感器底座与风管壁之间必须加设橡胶密封垫片，安装位置应具有典型型，避免安装于风管死角，安装应在风管保温层完成后进行。

200104 室内温湿度传感器安装

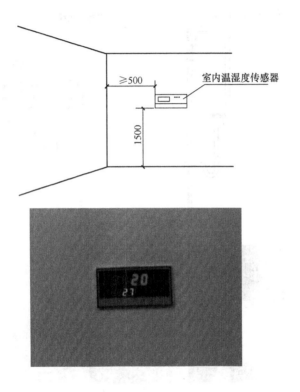

工艺说明：室内温湿度传感器安装高度距地面1.5m，距墙不小于0.5m；应在房间装修完毕，清洁之后安装；应避免阳光直射、安装于外墙墙壁之上、安装于送风气流直射的地方；不应装于隐蔽热水管的墙壁上、散热器上方、房间门的开门侧。

200105　防冻开关安装

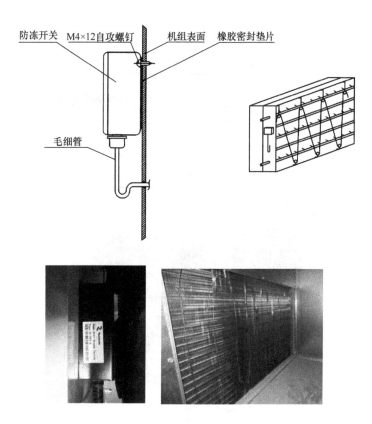

工艺说明：防冻开关底座与机组表面之间必须加设橡胶密封垫片，防冻毛细管穿过机组表面处要防止毛细管被刮破，防冻毛细管应装于风入口第一个有水的热盘管的背风侧，使用专用卡固定，如机组置于室外，则将整个防冻开关安装于机组内部。

200106 电动调节阀执行器安装

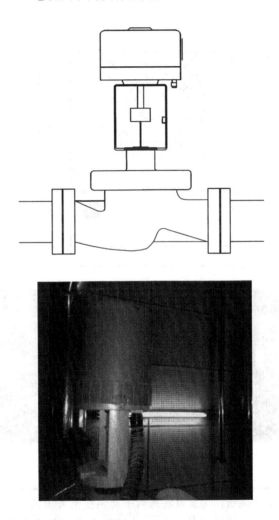

工艺说明：安装前应确定阀杆提升/下降与阀开启/关闭的关系，阀门执行器可竖直放置或水平安装，不可倒置安装或倾斜安装。执行器安装空间应留有拆卸距离。

200107 风阀执行器安装

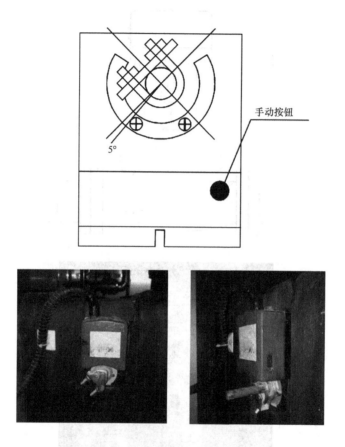

工艺说明：安装前将风阀手动调整至关闭状态，按下手动按钮，将风阀执行器手动调整至开启角度为5°的状态，松开手动按钮，使执行器保持这一状态，将风阀执行器套入风阀转动轴，然后固定偏心支架，将风阀执行器卡环螺钉上紧。注意不可将执行器完全固定。